海绵城市建设研究与实践丛书

海绵城市水循环过程综合模拟技术研究

杨默远　潘兴瑶　郑凡东　沈建明　等　著

中国水利水电出版社
www.waterpub.com.cn
·北京·

内 容 提 要

本书是《海绵城市建设研究与实践丛书》之一，主要介绍了海绵城市水循环过程综合模拟技术研究成果，主要内容包括：概述、人工降雨产流实验与实验数据分析、考虑前期土壤含水量的产流模型改进、海绵城市综合模拟系统集成、基于情景模拟的海绵城市建设效果评估、海绵城市建设的水文效应综合分析。

本书内容详实，图文并茂，可为广大海绵城市建设从业人员提供有益参考。

图书在版编目（ＣＩＰ）数据

海绵城市水循环过程综合模拟技术研究 / 杨默远等
著. -- 北京 : 中国水利水电出版社，2024.1(2024.11重印).
（海绵城市建设研究与实践丛书）
ISBN 978-7-5226-2345-0

Ⅰ．①海… Ⅱ．①杨… Ⅲ．①城市用水－水循环－研究 Ⅳ．①TU991.31

中国国家版本馆CIP数据核字(2024)第020645号

书 名	海绵城市建设研究与实践丛书 海绵城市水循环过程综合模拟技术研究 HAIMIAN CHENGSHI SHUIXUNHUAN GUOCHENG ZONGHE MONI JISHU YANJIU
作 者	杨默远 潘兴瑶 郑凡东 沈建明 等 著
出版发行	中国水利水电出版社 （北京市海淀区玉渊潭南路 1 号 D 座 100038） 网址：www. waterpub. com. cn E - mail：sales@mwr. gov. cn 电话：(010) 68545888（营销中心）
经 售	北京科水图书销售有限公司 电话：(010) 68545874、63202643 全国各地新华书店和相关出版物销售网点
排 版	中国水利水电出版社微机排版中心
印 刷	北京印匠彩色印刷有限公司
规 格	184mm×260mm 16 开本 11.75 印张 251 千字
版 次	2024 年 1 月第 1 版 2024 年 11 月第 2 次印刷
定 价	78.00 元

序

　　海绵城市作为一种新的城市发展理念，是因中国城市发展面临的水问题而来，并随着城市发展以及人的认识深入而不断完善。2015—2019 年，在经历了四年，两个批次，30 个试点城市的探索实践之后，海绵城市的理念被更多人所认同，围绕海绵城市的一些争议不断消除，大家的共识不断凝聚，海绵城市相关的成果不断涌现，这是十分可喜的。

　　在"海绵城市"理念正式提出之前，北京在城市雨洪管理领域已开展了长达二十余年的研究与实践工作，建设了中国第一批城市雨洪控制与利用工程，形成了特色鲜明的城市雨洪管控技术和政策、标准体系，为全面实施海绵城市建设奠定了坚实的基础。2016 年北京入选国家海绵城市建设试点，试点区和市区全域的海绵城市建设工作同步推进、同步探索，在组织机制、规划设计、标准规范、科研及产业等方面均取得了长足进步，成立了海绵城市专职行政管理部门——海绵城市工作处（雨水管理处），构建了切实可行的管理与管控机制和成熟完善的标准规范体系，建设了一大批具有代表性的海绵工程，培养了一大批海绵城市建设的人才队伍，形成了海绵城市建设的北京样板。

　　《海绵城市建设研究与实践丛书》编著研究团队长期从事城市雨洪研究工作，在雨洪管理、海绵城市建设方面具有丰富的理论及实践经验。丛书分为六个分册，涵盖了海绵城市试点建设实践、海绵城市水文响应机理研究、海绵城市水循环过程综合模拟、合流制溢流污染模拟分析、城市流域洪涝模拟与灾害防控等方面，总结了北京海绵城市建设多年的经验，并纳入了"十三五"水专项"北京市海绵城市建设关键技术与管理机制研究和示范"课题（2017ZX07103-002）的最新研究成果，是一部兼具理论与实践的佳作，值得海绵城市相关从业者学习借鉴，欣然为序。

前言

　　海绵城市建设是一种系统的城市治水理念。持续推进的海绵城市建设，从降雨入渗产流、地表和管网汇流、入河前径流调蓄等多方面显著改变了城市水循环过程，导致传统的城市雨水径流模型无法准确模拟海绵城市建设区的关键水文要素演变过程，不能有效支撑海绵城市建设方案的优化制定与实施效果评估分析。因此，亟需针对海绵城市建设特点，研究适宜的水循环过程综合模拟技术，为海绵城市建设决策提供科学支撑。

　　本书作为《海绵城市建设研究与实践丛书》中的一本，在北京市海绵城市建设实践和水文响应机理研究等成果的基础上，从人工降雨产流实验研究入手，提出了考虑前期土壤含水量的入渗产流计算模型，发展了针对典型海绵城市建设措施的模拟技术，进而通过对已有的城市雨洪模型的集成与改进，构建了海绵城市水循环过程综合模拟系统，以期提高海绵城市建设区模拟的科学性和准确性。基于该模拟系统，以北京城市副中心海绵城市试点区为例，综合评估了海绵城市建设的径流总量和污染物减控效果。考虑地下管网排水过程在海绵城市水循环中极为重要的纽带作用，量化了海绵城市建设区的"降水、地表水、土壤水、地下水、管网水"转化规律，识别了海绵城市建设的水文效应。

　　本书系统总结了"十三五"水专项"北京市海绵城市建设关键技术与管理机制研究和示范"课题（2017ZX07103-002）的相关研究成果，得出诸多有益结论，构建了一套可推广应用的海绵城市模拟系统，兼具理论创新、模型开放与实践应用，希望能够为海绵城市建设的模拟评估提供启发和帮助。

作者

2023 年 11 月

目录

第 1 章

概　　述

1.1　研究背景及意义

快速城市化给城市带来一系列水文效应的改变，对城市水循环过程造成了深刻的影响，尤其在城市暴雨内涝、生态环境、水资源供需矛盾等方面给城市居民造成了巨大困扰与灾害，严重影响了经济社会的可持续发展（徐宗学和李鹏，2022）。城市化所带来的种种水灾害问题已经引起了世界各国的广泛关注，目前各地已经实施了一系列的措施来保证城市生态环境系统的健康发展。北京作为我国高质量发展的首善之区，在城市雨水径流污染治理领域开展了长期的研究与实践工作。自 20 世纪 90 年代开始，由于缺水形势严峻，北京在全国首次提出了城市雨洪利用的概念。随后通过一系列项目的支撑，不断完善城市雨洪控制理念，初步构建了北京城市雨洪控制与利用技术体系。2016 年 4 月北京入选海绵城市第二批试点城市，试点区位于城市副中心。得益于政府的持续投入与学界的广泛关注，北京城市副中心海绵城市建设已成为下一阶段北京城市规划建设与水务发展的重点内容。

海绵城市是新时期生态文明建设的重要内容，指城市能够像海绵一样，在适应环境变化和应对自然灾害等方面具有良好的"弹性"，下雨时吸水、蓄水、渗水、净水，需要时将蓄存的水"释放"并加以利用。海绵城市建设打破了传统城市依靠"灰色措施"（管渠、泵站等）来实现排水的理念，充分运用自然积存、渗透、净化的构想，在维护原有生态系统的基础上对已破坏的生态系统予以恢复，在生态系统允许的条件下合理控制开发强度。海绵城市系统主要可分为普通下垫面、海绵设施和排水管网三部分，三者之间存在着紧密的水力联系。理想情况下，降水在普通下垫面产生地表径流，这些地表径流进入海绵设施，经过海绵设施消纳、储存和净化，再进入排水管网，经过末端调蓄海绵设施处理最终从排口排出，主要体现的是地表水、土壤水、管网水的相互转化过程。然而，目前对海绵城市的研究分析多集中在海绵城市对降雨径流整体的控制效果（即年径流总量控制率），但对海绵城市系统内部源头海绵设施滞蓄、土壤入渗、地表产流、管网动态调蓄、地下水回补等水文效应及其相互关系关注较少，并且缺乏高精度的具有中国

1

海绵城市特点的水循环过程综合模拟技术。因此，发展针对各项海绵城市建设措施的关键水循环过程模拟技术，实现研究区内降雨、蒸发、入渗、产流、汇流、深层入渗等过程的高精度模拟，对海绵城市系统内各成分的水文效应进行定量分析，可以为海绵城市的理论研究与工程实践提供参考与支撑。

本书是"十三五"水专项京津冀板块"北京城市副中心高品质水生态建设综合示范"中"北京市海绵城市建设关键技术与管理机制研究和示范"课题（2017ZX07103－002）的研究成果，围绕北京城市副中心海绵城市建设区，从机理分析、技术研发、方案比选、机制完善、示范建设等角度研究海绵城市建设问题，相关成果能够为北京以及华北地区海绵城市建设实践提供支撑。

1.2 国内外研究现状

1.2.1 城市化的水文效应

海绵城市是我国当前热门的城市水管理战略举措，经过严格的科学论证才形成了这一建设理念，同时海绵城市的建设理念与其他国家的一些城市雨水管理措施也一脉相承。然而，在我国海绵城市建设过程中，由于缺乏相应的理论指导，导致部分海绵工程对实际防洪排涝情况考虑不足（徐宗学等，2017）。夏军等（2017）认为城市水文科学是海绵城市建设的基础理论学科，要全面认识城市水系统从而实现科学管理，必须要对城市水循环机理和排水特征进行全面科学的研究。目前，在降水、蒸发、径流、暴雨洪水、水资源、水生态等方方面面均涉及城市水文效应的研究，在流域水资源、水环境以及水安全研究中，城市化水文效应扮演着重要角色（徐光来等，2010）。从水文过程的本身来看，城市化带来的水文过程效应主要包括城市降雨特征改变、城市蒸散发强度变化以及城市产汇流过程突变等。

1. 城市化对降水的影响

城市化导致城市地区的下垫面条件和气象条件发生了改变，从而引起城市水文循环过程发生变化（夏军等，2017），其中降雨过程受城市化的影响较大，主要体现在以下方面：

（1）相较于自然流域，城市地区的降雨具有明显的时空分布特征，郊区的降雨量和降雨强度均小于市区（Zhong et al.，2015）。

（2）各个降雨量级的降雨均受城市化的影响，且重现期较大的降雨所受的影响更显著，在城市区域暴雨发生的频率要明显高于自然流域（黄国如和何泓杰，2011）。

（3）城市化对降雨的影响具有一定的年内分布特征，冬季降雨受城市化的影响更加明显（Trusilova et al.，2008；Wang et al.，2019）。

　　上述这些影响被称为城市"雨岛效应"（Einfalt 等，2004），其主要原因是城市化对水分和能量收支的影响，城市地形的抬升与阻滞作用、凝结核效应和城市热岛效应是其主要的影响因素。于淑秋（2007）在北京地区的研究有类似的结论，研究发现由于城市高层建筑物的阻挡，以及城市热岛效应和凝结核效应的双重影响，城市地区的"雨岛效应"明显。黄国如等（2011）研究发现济南的"雨岛效应"约导致城市增雨 10%。曹锟等（2009）整理上海地区的降雨量数据并展开统计研究，研究发现上海地区在 5—10 月的"雨岛效应"更加显著，上海市区的降水增长率达到了郊区的 1.6 倍。Jauregui 和Romales（1996）对墨西哥城 1941—1985 年的降雨数据分析，发现郊区雨量站的降水没有显著变化，但是在夏季城区的高强度降水却明显增加。城市化对于降水的影响机理主要包括以下三个方面：

　　（1）由于城市热岛效应，城市地区的气温普遍高于郊区，较高的气温使得大气持水能力增强的同时也使得大气变得更加不稳定，因此导致城市地区的降雨量和降雨频率增加（徐宗学等，2017）。

　　（2）城市的各种建筑物改变了地表的性质，建筑物改变了大气的动力条件，产生了一定的阻碍和抬升作用，云滴受地形的抬升凝结作用，也在一定程度上使得城市地区降雨量多于郊区。

　　（3）城市大气污染物浓度受汽车尾气和工业废气的影响相较于郊区更高，空气中污染物粒子较郊区也更多，更多的污染物粒子带来更多的凝结核，从而使得城区的降雨强度和频率都有所增加。

　　2. 城市化的蒸散发效应

　　在自然流域状况下，总降水量有很大一部分通过蒸散发耗散，但随着城市化进程，城市的不透水下垫面面积不断增大，导致地表持水能力减弱和蒸散发持续时间缩短，蒸散发因此减少。此外，蒸散发也受温度、风速、空气湿度等控制蒸发的因子影响，在城市区域这些因子均有不同程度的改变，也会导致蒸散发量改变。因此，一些研究认为城市化的发展会显著降低城市蒸散发（Schirmer 等，2013）。许有鹏等（2011）分析了秦淮河流域蒸散发受南京地区城市化的影响，发现 1988—2011 年以及 2011—2016 年，不透水面比率分别从 4.2% 增加到 7.5%，再从 7.5% 增加到 13.2%，在这个过程中流域的蒸散发量分别减少了 3.3% 和 7.2%。在对美国东部地区 51 个城市化区域的蒸散发进行分析后，Charles 等认为随着城市的发展和城市人口的增加，城市的蒸散发量显著降低（Charles 等，2000）。但是也有学者认为城市尺度的蒸散发并不会减少，周琳（2015）在全面考量建筑物内部蒸散发、人为热和渗漏蒸散发的影响后，计算发现自然下垫面蒸散发量要比城区蒸散发量小。肖荣波等（2005）通过研究发现局地微气候受城市绿地和河湖景观的影响而改变，从而使得热岛效应减弱，间接使得城市蒸散发量增加。

3. 城市化的径流效应

在自然流域状况下,其下垫面主要为透水下垫面,具有良好的渗透性。当降雨发生时,一部分降雨被地表截留、填洼转化为蒸散发损耗;一部分通过地表入渗进入土壤,再通过深层入渗补充地下水或保留在土壤孔隙中;其余的降雨则产生地表径流,通过汇流进入河湖等水体。但城市化使得大面积的天然透水下垫面被建筑物和道路等不透水下垫面替代,下垫面的渗透性发生改变从而促使城市水文要素和水文过程也产生相应变化(张建云,2012)。一方面,自然地表被大量硬化路面替代,使得城市入渗系数降低,径流系数增大(万荣荣和杨桂山,2005);申仁淑整理了长春市 1990—1992 年所发生的 9 次径流过程,根据降雨—径流关系图查出这几场降雨的径流系数约为 0.2,但是经过计算,9 场降雨的平均径流系数达到了 0.55(申仁淑等,1999)。另一方面,城市地表糙率系数降低,排水管道截曲取直,使得降雨径流形成后迅速汇集。刘珍环等(2011)研究发现不透水表面导致短时间内降雨径流量的增加和长时间内洪水频率以及径流总量的增加;宋晓猛等(2008)研究发现城市化改变了流域天然径流特征,洪峰流量增大、峰现时间提前、洪峰历时缩短等一系列变化超出了城市排水系统的排水能力,导致雨水不能及时排出,使得城市"看海"现象频频出现。

上述讨论说明城市化所带来的水文效应是一个相互影响的复杂的动态过程,不可能用一个简单的单向反馈过程来描述,这中间还存在许多未知的相应关系,需要综合考虑各种影响因素,发展针对海绵城市建设措施的关键水循环过程综合模拟技术,深入开展城市水文效应的研究。

1.2.2 城市雨洪模型

在海绵城市水循环过程模拟中,城市雨洪模型起到了关键的支撑作用,对海绵城市规划和设计有着重要的作用(徐宗学和程涛,2019)。对城市雨洪模型的研究最早是为了解决城市暴雨洪水和市政排水设计等工程问题(Petrucci 和 Tassin,2015),主要采用数值模拟技术对降水在城市复杂下垫面上的运动、转化和消耗过程进行模拟。相较于天然流域,城市区域的产汇流机理更加复杂,尤其在城市排水管网系统内,水流就包含有压管流、重力流、倒灌、回水等多种流态(徐向阳等,2003)。目前普遍采用水文学和水力学相结合的方法,构建城市排水系统的数值模型,以此来帮助实现城市雨洪管理和防灾减灾。

在 20 世纪 70 年代,一些政府的研发机构开展城市雨洪模型的研发工作,被视作城市雨洪模型的起步阶段。经过多年的发展,目前常用城市雨洪模型非常丰富(Zoppou,2001)。一般情况下,地表汇流模块、降雨产流模块和管网模块是城市雨洪模型的必备模块(宋晓猛等,2014)。纵观城市雨洪模型的发展,大致可以分为三个阶段,分别是经验模型、概念模型和物理模型(胡伟贤等,2010)。

（1）经验模型是指模型所采用的计算公式是输入和输出项的经验公式，而不是基于水文过程的分析，1889 年 Kuichling 等人最早将推理公式法引入城市排水系统，被视作经验模型在城市流域使用的开端，后来人不断将单位线法等诸多计算方法用于城市区域，为城市区域雨洪模拟提供了依据，经验模型的典型代表是 1954 年美国农业部（United States Department of Agriculture，USDA）推出的 SCS 模型。经验性模型往往运行速度较快，但是由于经验模型缺乏相应的水文过程分析，只能够输出相应的资料，渐渐难以满足决策需求。

（2）概念性模型指分布式概念模型，将产流区域划分为小的计算单元，采用集总式概念模型计算每个计算单元的径流过程，通过管网及河道汇流输出。概念性模型的典型代表是 20 世纪 70 年代出现的 SWMM 模型和 Wallingford 模型。但是分布式概念模型对计算单元间的相互作用进行了一定的简化，在运用中也存在一定的局限性。

（3）物理性模型是指具有物理基础的一类模型，主要涉及水动力学的相关运算方法。物理性模型往往也具有分布式特征，也称作分布式物理模型。这类模型相较于分布式概念模型，更注重不同计算单元之间的相互作用，通过水动力学的方法来搭建不同计算单元之间的桥梁，具有很好的应用前景。知名度比较高的分布式物理模型主要有丹麦 DHI 公司的 MIKE 系列软件以及英国 Wallingford 公司的 InfoWorks 系列软件。每一种模型都具有其独特的适用范围，这些模型在特定区域和特定工况条件下取得了较好的研究成果，SWMM 模型、InfoWorks 模型和 MIKE 模型是应用成功的典型（刘家宏等，2014）。

美国环保局（United States Environmental Protection Agency，USEPA）于 1970 年开发了 SWMM 模型（Storm Water Management Model），即暴雨洪水管理模型。经过数十年的不断更新，目前最新的版本已经是 5.1 版。SWMM 模型能对降雨径流的水量、水质过程进行连续或单独模拟，在城市规划设计阶段运用较多，到现在仍然有很大的市场。SWMM 模型中将普通下垫面概化成透水下垫面、不透水但有储存功能下垫面以及不透水且无储存功能下垫面三类；在产流计算中采用 Green‐Ampt 模型、Horton 模型、SCS 模型三种计算方法；管网汇流采用运动波演算、动力波演算和恒定流演算三种方法；坡面汇流采用非线性水库法；地下水模块则采用双层地下水模型；同时模型中还耦合了水质计算模块和旱季流模块。目前，随着低影响开发理念的深入，SWMM 模型也耦合了 LID（Low Impact Development）模块，用于模拟各类 LID 设施。自 SWMM 模型问世以来，该模型被广泛地应用于世界各地的城市规划和管理中，在城市暴雨径流预报模拟、污水排放的环境效应分析以及城市雨水污水排水设计等领域均有应用。在我国，SWMM 模型的应用非常广泛，丛翔宇等（2006）选择北京市的典型小区，用 SWMM 模型构建小区的雨洪模型，模拟计算出不同重现期暴雨小区的排水效果。陈鑫等（2009）在郑州市区选择一面积为 $2km^2$ 左右的区域作为研究区，在研究区搭建 SWMM 模型，分析城市排涝和排水系统重现期之间的关系。任伯帜等通过分析发现在长沙市港区的雨洪模拟中，SWMM 模型具有很高的模拟精度（任伯帜等，2006）。

MIKE 系列软件是丹麦水资源及水环境研究所（Danish Hydraulic Institute，DHI）的产品，MIKE Urban 是在 1972 年开发的排水管网模拟包 MOUSE 基础上专为城市区域设计的新软件，与 SWMM 模型类似，MIKE Urban 可以对研究区降雨径流进行连续或单独模拟。不同之处在于，其产汇流模块的计算方法为时间面积曲线，线性水库和单位线法；管网模块有动力波、运动波和扩散波三种形式；地下水模块则采用 RDI（Rainfall Development Infiltration）模型来进行计算。相较于 SWMM 模型，MIKE Urban 可以进行二维漫流模型计算，同时考虑管网中污染物的转移、运输和降解，同时与 CAD、GIS 等软件可以很好地对接。在我国，MIKE 系列软件运用广泛且知名度较高，韩冰等（2011）用该模型模拟评价了上海世博园的管网系统排水能力；王文亮等（2015）用 MIKE 系列软件模拟了研究区的管网运行，并评估了内涝风险。

InfoWorks ICM 软件由英国 Wallingford 集团研发，目前最新版为 InfoWorks ICM 10.0，其前身是 InfoWorks CS 模型软件。该模型整合了许多模型的相关模块，在产流计算、汇流计算以及管网计算中提供多种计算方法可供选择：产流模块可采用固定比例径流模型、Green - Ampt 模型、Horton 模型、Wallingford 固定径流模型等；地表汇流则可以选择 SWMM 径流模型、双线性水库模型、SPRINT 径流模型；最具特色的则是其管渠汇流模块，采用求解圣维南方程组（Preissmann 求解）来进行计算，模拟精度较高。同时该模型对流域水循环过程的考虑更为充分，可以输出流域的表层入渗、径流量等数值，实现城市水文循环过程的全面模拟。近年来，该模型也被引入我国，李芮等（2018）利用该模型评估北京上清桥区域的内涝问题，徐袈檬等（2019）采用该模型对排水管网排水能力进行评估，均有很好的模拟效果。

总结来说，MIKE Urban 和 InfoWorks ICM 产汇流模型的选择更丰富，但操作较为复杂，而 SWMM 模型简单实用，对研究城市雨洪控制效果较为成熟，对城市雨水系统的水文、水力、水质都有很好的控制效果，可靠性高，并且完全免费开源，但入渗产流计算简单，且不考虑管网中污染物的沉积转移运输。

1.2.3 入渗产流模型

入渗产流模型是雨洪模拟的核心，可以分为经验模型、概念模型和物理模型。经验模型的优势在于其较低的数据要求和较好的模拟效果，但模型参数缺乏实际意义，进一步发展的空间较小。物理模型推导过程严谨，对产流过程的描述更为细致，自提出以来不断得到改进和完善，但受制于其严格的假设条件和边界条件，在应用中存在较大的局限性，且较难直接获取准确的物理参数。如果通过率定来确定参数，就会在一定程度上失去模型的物理基础，且率定得到的参数往往和实测值存在差距。概念模型介于两者之间，通过简单的假设和推导得到模型主要公式，模型参数大都没有实际物理意义，需通过率定获取，概念模型由于其较好的模拟效果以及较强的适用性而得到广泛应用。主要产流计算模型见表 1-1。

表 1-1　　　　　　　　　　　　　主 要 产 流 计 算 模 型

序号	模 型 名 称	年份	序号	模 型 名 称	年份
1	Green-Ampt	1911	11	Smith	1972
2	Kostiakov	1932	12	Dooge	1973
3	Horton	1933	13	Morel-Seytoux and Khanji	1975
4	Philip	1957	14	Parlange	1971
5	Holtan	1961	15	Collis-George	1977
6	Overton	1964	16	Smith and Parlange	1978
7	Hydrograph	1969	17	Zhao	1981
8	Modified Kostiakov	—	18	HEC	1981
9	Mein and Larson	1971	19	Singh and Yu	1990
10	Snyder	1971	20	Mishra and Singh	2002

注　摘自李军博士毕业论文，2015。

1. Horton 模型

Horton 模型是水文学中最著名的经验下渗模型（Horton，1941）。Horton 通过实验观测，发现土壤的下渗率随时间逐渐减小，直到近似为一个常数值（稳定入渗率）。且他认为土壤表面对下渗能力的影响超过土壤内部水分运动过程的影响。自然界中引起下渗能力减小的因素主要为土壤胶体板结、土壤裂隙闭合、土壤表面团粒状结构破损、细小颗粒引起的土壤表面板结和雨滴引起的表面击实。

Horton 模型认为在长期降雨过程中，土壤入渗率随时间减少呈指数降低，从最大速率降至最小速率，公式为

$$f(t) = f_c + (f_0 - f_c)e^{-kt} \tag{1-1}$$

式中　$f(t)$——t 时刻的入渗速率；

　　f_c、f_0——稳定入渗率和初始入渗率；

　　　k——参数。

f_c、f_0 和 k 均需率定。

2. Green-Ampt 模型

Green-Ampt 模型是 1911 年 Green 和 Ampt 基于毛细管理论提出的具有明确物理意义的土壤入渗数学模型，因其较为严格的物理基础而被广泛研究（Green 和 Ampt，

1911）。Green – Ampt 模型对土壤入渗剖面做了如下假定：①入渗初始阶段干燥土壤上层有薄层积水；②入渗过程存在明确的水平湿润锋面；③湿润锋面具有固定不变的吸力；④入渗土体中只存在两个区域：土壤含水量饱和的湿润区与入渗锋以下的初始含水量区（Williams 等，1998）。

Green – Ampt 模型的产流期累积入渗量隐式方程为

$$K_s t = F - s_f(\theta_s - \theta_i)\ln\left[1 + \frac{F}{s_f(\theta_s - \theta_i)}\right] \tag{1-2}$$

式中　K_s——饱和导水率；

　　　F——降雨产流期的入渗损失量；

　　　θ_s、θ_i——饱和含水率和残余含水率；

　　　s_f——湿润锋吸力，cm。

许多学者对 Green – Ampt 模型进行了深入的研究。Bouwer（1966），Childs 和 Bybordi（1969），Fok（1970）研究了非均匀土壤的 Green – Ampt 模型累计下渗，指出 Green – Ampt 模型适合于非均匀土壤；Flerchinger 等（1988）把 Green – Ampt 模型应用到分层土壤系统，提出了 GALAYER 模型（Green – Ampt Model for Layered Systems）；Salvucci 和 Entekhabi（1994）提出了 Green – Ampt 模型的解析解 GAEXP 模型（Green – Ampt Explicit Model），方便了 Green – Ampt 模型的应用计算；Swartzendruber（1974）建立恒定降雨条件下的 Green – Ampt 模型，使得 Green – Ampt 模型适用于降雨产流计算；Bouwer（1966）第一次提出了 Green – Ampt 模型润锋面固定吸力的计算理论；Neuman（1976）、Brakensiek 和 Onstad（1977）进一步完善了润锋面固定吸力的计算方法。但是，Green – Ampt 模型在计算降雨入渗过程时没有直接考虑降雨强度的影响，同时在实际应用时，湿润峰固定不变吸力水头的计算比较困难。

Mein 和 Larson（1971）在 Green – Ampt 模型的基础上考虑了降雨强度，克服了土壤表面非零积水深度的局限性，提出了 GAML（Mein – Larson – Green – Ampt）模型，公式为

$$F - s_f \cdot (\theta_s - \theta_i) \cdot \ln\left[1 + \frac{F}{s_f \cdot (\theta_s - \theta_i)}\right]$$

$$= K_s \cdot \left(t - \frac{s_f \cdot (\theta_s - \theta_i) \cdot K_s}{\overline{P} \cdot (\overline{P} - K_s)} + \frac{s_f \cdot (\theta_s - \theta_i)}{\overline{P} - K_s} - \frac{s_f \cdot (\theta_s - \theta_i) \cdot \ln\frac{\overline{P}}{\overline{P} - K_s}}{K_s} \right) \tag{1-3}$$

GAML 模型假设在稳定的降雨强度 $\overline{P}$ 下，只有当 $\overline{P}$ 大于地表入渗能力，地表才形成积水。

为了解决 Green – Ampt 模型湿润锋固定不变吸力水头计算困难的问题，李军等（2015）得到了地表产流前降雨初损量 I_a 的表达式，即

$$h_s + h_f = \frac{I_a}{\theta_s - \theta_0} \cdot \frac{P - K_s}{K_s} \qquad (1-4)$$

式中　P——降雨量。

并提出了通过初损量计算产流期累积入渗量的 GAF 模型，其隐式方程式为

$$K_s F + P I_a - (I_a + F) \frac{\mathrm{d}F}{\mathrm{d}t} = 0 \qquad (1-5)$$

式中　F——降雨产流期的入渗损失量。

3. SCS 模型

SCS 模型（Soil Conservation Service）是应用最为广泛的经验下渗产流模型，于 1954 年由美国农业部土壤保持局根据美国的气候特征和农业区划开发，用来估算无测站小流域地表径流量和洪峰流量。SCS 模型的理论基础源于 Mockus（1949）的 P-Q 经验关系和 Andrews 的图表查算法，因其结构简单、物理概念明确、只包含一个参数（CN）、对数据需求低，故作为产流计算的核心模块被许多水文模型集成应用（Ponce 和 Hawkins，1996；Mishra 和 Singh，2003；Mishra 和 Singh，2004；Patil 等，2008）。20 世纪 90 年代美国推出的 SWAT 模型（Soil and Water Assessment Tool）风靡美国乃至世界各国，成为国际著名的模型，因其产流计算采用了 SCS 模型，使得 SCS-CN 降雨入渗产流计算方法成为现行通用的工具。但是该模型根源于两个基本假设，而不是客观的物理过程，并且模型对参数 CN 极端敏感，常常只能作为一个初始近似的筛选工具。

SCS 模型假设地表径流量与总降雨量的比值和累计入渗量与当时可能最大滞留量的比值相等，SCS 模型为

$$\frac{F}{S} = \frac{Q}{P - I_a} \qquad (1-6)$$

式中　F——降雨产流期的入渗损失量，mm；

　　　S——产流期间的最大可能损失量，mm；

　　　Q——地表径流量，mm；

　　　P——流域总降雨量，mm；

　　　I_a——包括截留、填洼、入渗等的流域产流前的初损量，mm。

将式（1-6）和水量平衡方程 $P = F + Q + I_a$ 联立可得超渗产流量 Q_e 和入渗损失量 F 的表达式为

$$Q_e = Q = \frac{(P - I_a)^2}{P - I_a + S} \qquad (1-7)$$

$$\frac{1}{F} = \frac{1}{S} + \frac{1}{P - I_a} \qquad (1-8)$$

$$S = \frac{25400}{CN} - 254$$

$$I_a = \lambda \cdot S \qquad\qquad (1-9)$$

式中　λ——区域参数，大量的野外研究证实 λ 的取值范围在 $0.095 \leqslant \lambda \leqslant 0.38$，所以美国
　　　　土壤保持局取其平均值 0.2 作为 λ 的值；

　S、I_a——用无量纲系数 CN 来表示（$0 \leqslant CN \leqslant 1000$）。

　　外国已有较多的研究来比较 SCS 模型和土壤水动力学下渗模型。Van Mullem（1991）、
Chahinian 等（2005）结合了不同的汇流模型，比较了 Green-Ampt 等物理模型和 SCS 模型
对径流量、洪峰流量模拟的准确性，发现物理模型总体模拟效果较好；King 等（1999）和
Kabiri 等（2013）分别基于 SWAT 模型、HEC-HMS（Hydrologic Engineering Center's-
Hydrologic Modeling System）模型，发现 Green-Ampt 等物理模型和 SCS 模型对径流
量和洪峰流量模拟的效果无显著差别；Nearing 等（1996）通过内嵌 Green-Ampt 的
WEPP（Water Erosion Prediction Project）模型和 SCS 模型的比较分析，总结出耕地、
休耕地 Green-Ampt 模型导水率和 SCS 模型 CN 值之间的经验关系，并利用经验关系求
算美国不同流域径流量，将模拟径流量和实测数据进行对比，发现 Green-Ampt 模型对
流域径流量模拟的精度要高于 SCS 模型；Grimaldi 等（2013）总结了前人应用 GAML 模
型、SCS 模型的时空尺度，提出了适用于缺资料地区小流域日尺度径流模拟的 CN4GA 模
型，并利用不同流域的实测数据将两者进行比较，结果表明 CN4GA 模型能较好地模拟径
流量，并得到精度较高的流量过程线。上述研究作为水文学中产流过程的热点研究方向
得到了广大学者的持续关注。

4. LCM 模型

LCM（Liu Changming Model）暴雨损失模型是一个计算小流域产流期内降雨平均损
失率的经验模型。1969—1976 年，刘昌明（1965）为了解决资料稀缺地区暴雨径流的计
算与预报问题，开展了我国小流域暴雨洪峰流量形成与计算研究。利用自行研发的便携
式人工降雨器，在各地不同类型下垫面上与不同土壤湿度的条件下进行了数百场次的入
渗实验。实验表明：当雨强超过下渗强度时坡地发生漫流，同时在坑洼出现积水形成积
水层，随着水压的增加，产流有所增大；在坡面全被水层覆盖发生完全漫流时，即坡面
全面漫流，地表积水层出现稳定的渗强。产流时入渗的锋面深度因土地覆盖与土地利用
及土壤湿度的不同而不同。单点的入渗并不等同于面上的入渗，净雨在空间的汇聚伴随
着汇流过程沿途入渗，这种现象被称为动态入渗。根据能量守恒定律，基于土壤入渗的
重力、阻力和毛管力分析，他提出了能够根据雨强、土壤湿度与土地利用及覆盖的入渗
计算方程（Liu 和 Wang，1980），并以此为基础构建了中国科学院地理科学与资源研究所
自主研发的流域分布式水文水资源模拟系统（Hydrologic Informatics Modeling System，
HIMS），但该实用模型缺乏较为严格的物理基础。LCM 模型为

$$\mu = R \cdot i^r \qquad\qquad (1-10)$$

式中　μ——流域产流期内平均损失率，mm/h；

i——流域产流期内平均降雨强度，mm/h；

R，r——损失系数，可由土地类型（土地覆被与土地利用）和前期土壤湿度查表选择。

水循环过程模拟，特别是次洪模拟中，产流量的准确计算是关键，也是一大难点。现有产流计算模型有的着眼于下渗过程，在准确计算下渗量的基础上，通过水量平衡得到径流量（Horton 模型、Green-Ampt 模型等）；有的综合考虑整个降雨入渗产流过程，建立降雨量与入渗损失量的关系，进而得到流量过程（SCS 模型、LCM 模型等）。按照超渗产流机理，在半干旱半湿润区的次洪模拟计算中，其关键是得到准确的下渗能力曲线，因此，采用第一类计算思路的下渗模型更符合这一地区特点。Horton 模型和 Green-Ampt 模型分别是概念性下渗模型和物理性下渗模型的代表，前者模型结构简单，参数较少，但参数意义不明确，不能参考实际物理量进行率定；后者结构复杂，参数较多，参数虽然具有明确的物理意义，但较难获取，不方便在流域尺度应用。怎样改进物理性下渗模型，抓住其描述的核心物理过程与关键参数，并提高其在实际流域水文模拟中的适用性，是水文学研究的一个重要方向。此外，由于前期土壤含水量突出的时空变异性，使得其对半干旱半湿润区洪水形成过程影响显著，但现有下渗模型大都不能直接考虑前期土壤含水量对降雨入渗产流过程的影响，或是把前期土壤含水量的影响隐含在模型参数中，或是仅把土壤含水量作为水量平衡的输出结果或模型限制条件。因此，需要深入开展半干旱半湿润区产流机理研究，充分考虑前期土壤含水量对产流过程的影响，发展新的入渗产流计算模型。

1.3 技术方案

本书针对海绵城市水文效应分析存在的问题和现有城市雨洪模型不足之处，发展针对海绵城市建设措施的关键水循环过程综合模拟技术，通过对已有的城市雨洪模型（SWMM）的入渗产流过程、城市面源污染迁移转化过程等模块进行算法改进，并扩展对环保型雨水口等源减排设施的模拟功能和耦合遗传算法，来提高海绵城市水循环过程模拟模型的精度和参数优化效率，形成具有中国海绵城市特点的城市降雨—径流模拟和分析工具（Urban Runoff Simulation and Analysis Tool，URSAT）。最后采取"分散建模—集中管理—分散应用"的推广与应用模式，在北京城市副中心海绵城市示范区等多个区域进行模型应用，全面支撑海绵城市建设的效果评估及水文效应分析。本书研究内容和技术路线如下：

1.3.1 研究内容

1. 人工降雨产流实验与实验数据分析

选取对半干旱半湿润区超渗产流过程影响显著的雨强和前期土壤含水量这两个因素

作为主要实验变量。通过改进人工降雨产流系统精确控制雨强大小且保证降雨的时间平稳性和空间均匀性，在雨强输入的精确控制情况下，获取精细的土体的土壤含水量变化过程和产流过程中流量变化过程的实验数据。基于详实的实验数据，分析雨强和前期土壤含水量对降雨入渗产流过程的影响规律与作用机理。

2. 考虑前期土壤含水量的产流模型改进

基于获得大量详实的实验数据，研究前期土壤含水量对产流过程的影响，充分认识产流过程中下渗率与土壤含水量之间复杂的作用关系；通过数理统计分析结合物理成因分析，得到描述下渗率—土壤含水量关系的数学公式，并基于该公式，定量研究前期土壤含水量对下渗率—土壤含水量关系的影响作用规律和构建基于下渗率—土壤含水量关系的次洪模型；将构建的次洪模型应用于潮河上游流域的次洪模拟中，检验模拟效果，进行模型参数分析，明确各参数物理意义。

3. 海绵城市水循环过程综合模拟模型集成

通过耦合团队开发的降雨—径流时变增益非线性模型 TVGM（Time Variant Gain Model）、HIMS 降水动态入渗产流模型 LCM、流域水循环系统模型 HEQM（Hydrological，Ecological and Water Quality Model），考虑土壤水变化的 Horton 公式和 Green - Ampt 公式等，对城市雨洪模型（SWMM）的降雨—径流过程、城市面源、水质等方面模拟进行改进；并针对我国海绵城市建设特点，扩展已有 LID 措施调控模块的模拟功能；同时耦合自动优化算法〔随机优化、遗传算法和单纯多边形进化算法（Shuffled Complex Evolution - University of Arizona，SCE - UA）等〕，实现模型多指标多区域的参数自动优选，提高模型模拟精度和参数优化效率；研发具有中国海绵城市特点的城市降雨—径流模拟和分析工具 URSAT。

4. 海绵城市建设效果评估及水文效应分析

使用研究的 URSAT 降雨—径流模拟和分析工具，构建北京城市副中心海绵城市建设区模拟模型，按照模拟情景方案对研究区多层级海绵城市建设效果进行综合评估；另外，基于北京地方标准设计降雨、2008—2019 年实测降雨序列以及海绵城市多层级建设方案（海绵城市建设前、源头措施建设方案、源头—过程措施建设方案和源头—过程—末端措施建设方案），开展大量情景模拟，对研究区内管网水动态转化过程、LID 设施处理水量进行定量分析、地下水回补效果、管网重现期分析和合流制排口溢流情况等水文效应分析。

1.3.2 技术研究路线

根据研究内容，技术研究路线见图 1-1。

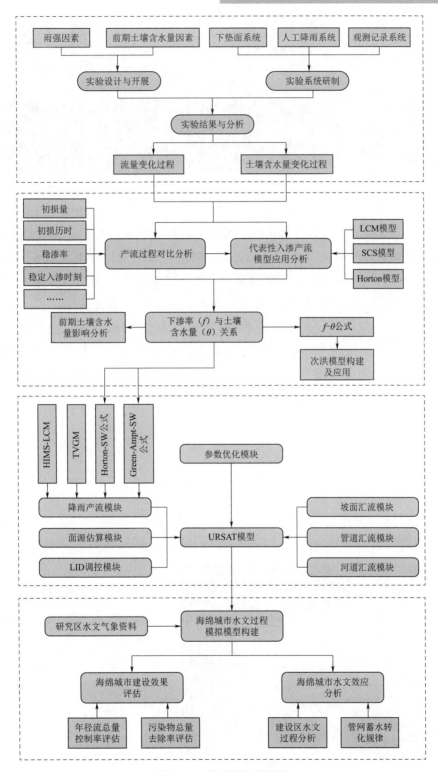

图 1-1　技术研究路线图

第 2 章

人工降雨产流实验与实验数据分析

　　水文实验是研究水文过程外在规律，揭示其内在机理最直观、最有效的手段之一。自然界流域的降雨入渗产流过程受多因素综合影响，本书选取对半干旱半湿润区超渗产流过程影响显著的雨强和前期土壤含水量这两个因素作为主要实验变量，以期揭示其对降雨入渗产流过程的影响作用机理。在实验过程中，通过人工降雨系统精确控制雨强大小且保证降雨的时间平稳性和空间均匀性，实现雨强输入的精确控制；通过埋设在土体中的土壤水分传感器测量记录土体的土壤含水量变化过程；利用自主设计研发的流量观测记录装置，获得产流过程中精细的流量变化过程。最后基于详实的实验数据，分析雨强和前期土壤含水量对降雨入渗产流过程的影响规律与作用机理。

2.1　人工降雨产流实验系统改进

　　人工降雨产流实验在中国科学院地理科学与资源研究所陆地水循环与地表过程重点实验室水土过程室内实验大厅进行（图 2-1）。实验系统主要包括下垫面系统、人工降雨系统以及观测记录系统。

图 2-1　室内实验大厅示意图

　　各子系统均为自主研发、设计、加工或是对已有装置进行较大改进。整个实验系统完整、便捷、先进，特别是在人工降雨系统的可控性、均匀性和天然性，流量观测记录的便捷性、准确性和时间分辨率等指标和环节上对已有实验技术提升明显。实验系统见图 2-2 和图 2-3。

14

图 2-2　人工降雨产流实验系统实物图

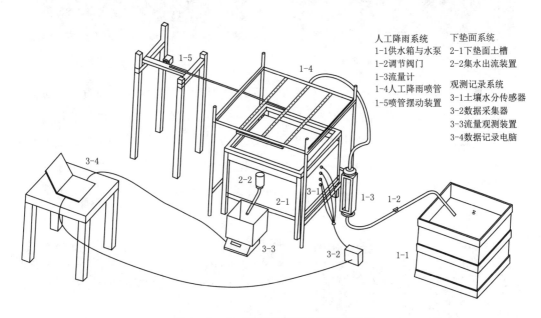

图 2-3　人工降雨产流实验系统示意图

2.1.1　下垫面系统

下垫面系统包括土槽与下渗土体。下垫面土槽的主体由一个有机玻璃箱构成，其底面为边长 1m 的正方形，高度为 0.7m，四角由立柱支撑，离地高度为 0.3m，便于土槽的移动和土体的自由排水（图 2-4）。土槽主体结构由不锈钢角铁加工而成，四周侧壁为厚度 8mm 的有机玻璃板，在保证土槽整体强度的基础上，便于观察土体状况和湿润锋的动态运移过程。土槽底部为孔径 20mm 的方形高强度不锈钢网，上覆 200 目筛网，在保证底面承重强度的基础上实现土体在水分饱和时的充分排水。在土槽侧壁上预留了埋设土壤水分传感器所需的圆孔，直径 15mm（图 2-5）。在土槽下游设有集水出流装置，地表积水溢流进塑料瓶，再通过水管引流以便测量，这样可以有效避免地表径流对出口处土体的冲刷侵蚀（图 2-6）。

图 2-4　下垫面土槽

图 2-5　土壤水分传感器位置

土槽填土为北京市大兴区的天然沙壤土，质地较为均一，且在填土前过筛以去除杂质。选用沙壤土是因为其黏粒含量较少且下渗能力适中，具有代表性。烘干后用排水法测得的土干密度为 $2.7\mathrm{g/cm^3}$。用激光粒度仪测试实验用土，得到其粒径分布，测试所用仪器为英国马尔文公司生产的 Mastersizer 2000 型激光粒度仪，仪器（图 2-7）测定颗粒物的粒级分布粒级范围为 $0.02\sim2000\mu m$。土壤粒径分析报告见图 2-8，粒径分布表现为明显的单峰分布，平均粒径为 $89\mu m$，属于粉砂土。

图 2-6　集水出流装置

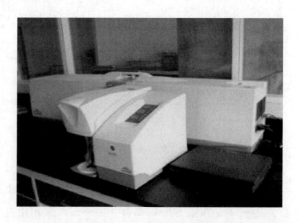

图 2-7　激光粒度仪

土体装填时采用分层装填的方法，每 10cm 为一层，进行压实和打毛处理后装填下一层。装填过程中，在土体对应深度的中心位置埋设土壤水分传感器。填土深度为 50cm，土体表面压实后找平，修出很小的坡度（小于 3°），使得出口处土体表面略低于土体上游，保证产流过程形成的表面积水从出口处顺利流出。

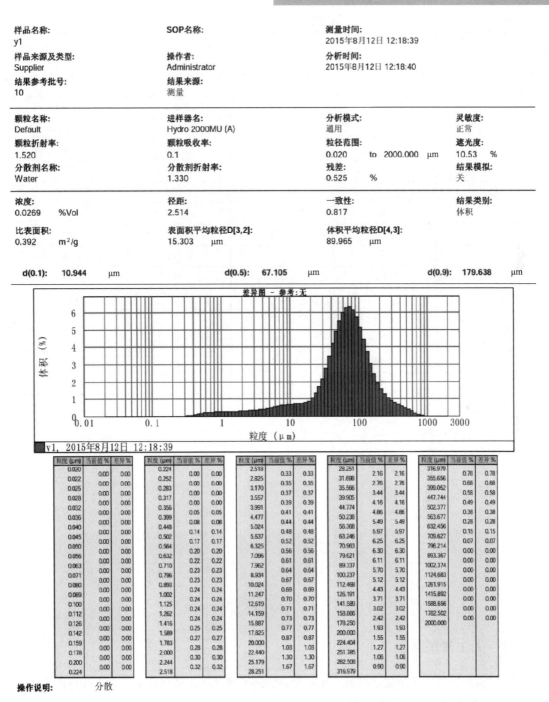

样品名称:			SOP名称:			测量时间:		
y1						2015年8月12日 12:18:39		

样品来源及类型:　　　　　操作者:　　　　　　　　　分析时间:
Supplier　　　　　　　　　Administrator　　　　　　　2015年8月12日 12:18:40

结果参考批号:　　　　　　结果来源:
10　　　　　　　　　　　　测量

颗粒名称:　　　　　　　　进样器名:　　　　　　　　分析模式:　　　　　　　灵敏度:
Default　　　　　　　　　Hydro 2000MU (A)　　　　 通用　　　　　　　　　　正常

颗粒折射率:　　　　　　　颗粒吸收率:　　　　　　　粒径范围:　　　　　　　遮光度:
1.520　　　　　　　　　　0.1　　　　　　　　　　　0.020　　to　2000.000　μm　　10.53　%

分散剂名称:　　　　　　　分散剂折射率:　　　　　　残差:　　　　　　　　　结果模拟:
Water　　　　　　　　　　1.330　　　　　　　　　　0.525　%　　　　　　　　关

浓度:　　　　　　　　　　径距:　　　　　　　　　　一致性:　　　　　　　　结果类别:
0.0269　%Vol　　　　　　2.514　　　　　　　　　　0.817　　　　　　　　　体积

比表面积:　　　　　　　　表面积平均粒径D[3,2]:　　体积平均粒径D[4,3]:
0.392　m²/g　　　　　　　15.303　μm　　　　　　　89.965　μm

d(0.1): 10.944　μm　　　　　　　d(0.5): 67.105　μm　　　　　　　d(0.9): 179.638　μm

图 2-8　土壤粒径分析报告

同样的方法，共完成了 4 个土槽的加工与土体的装填，用环刀对装填完成的土体分别取样，烘干法测得的平均土壤容重为 1.43g/cm³，孔隙度为 0.47，用离心机测得的土壤水分特征曲线结果见表 2-1 和图 2-9。

表 2-1 土壤水分特征曲线记录表

离心力/kPa	土壤含水量			
	1号土样	2号土样	3号土样	4号土样
1	0.373	0.410	0.402	0.405
3	0.356	0.362	0.374	0.380
5	0.326	0.306	0.327	0.331
7	0.296	0.272	0.282	0.289
10	0.263	0.241	0.245	0.246
15	0.231	0.216	0.213	0.214
20	0.207	0.197	0.189	0.192
30	0.183	0.179	0.167	0.170
40	0.166	0.177	0.152	0.157
60	0.149	0.153	0.137	0.143
90	0.134	0.138	0.127	0.131
200	0.120	0.123	0.113	0.116
500	0.105	0.106	0.099	0.102
800	0.094	0.095	0.090	0.092
1000	0.088	0.088	0.084	0.086

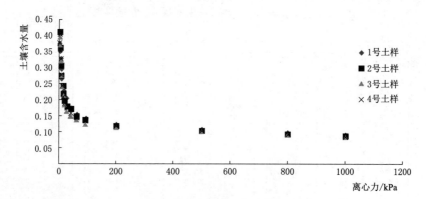

图 2-9 实验土体土壤水分特征曲线

2.1.2 人工降雨系统

本实验所用的人工降雨系统是在团队原有野外便携式人工降雨器的基础上改进而来的。

2.1.2.1 野外便携式人工降雨器

早在 20 世纪 30 年代初，就有人使用喷壶作为雨滴发生器来模拟降雨实验，这就是最早最简单的人工模拟降雨器。随后使用一些结构简单的喷管作为降雨器。到了 40 年代末，50 年代初，随着对天然降雨各种特性研究的不断深入以及模拟降雨方法的广泛应用，人工模拟降雨装置的研制受到了越来越多的重视，不同类型的降雨装置被不断地研制出来。

在国内，从 20 世纪 50 年代后期起就开始研制、引进模拟降雨的装置，并将人工模拟降雨的方法用于径流观测和土壤侵蚀等方面的实验研究工作。较早进行这项工作的包括中国科学院地理科学与资源研究所（原中国科学院北京地理研究所）、铁道科学研究院西南研究所等单位，他们均采用针管桁架式的模拟降雨装置。而黄河水利委员会水利研究所和中国科学院西北水土保持研究所则使用侧喷式模拟降雨装置。

本实验采用的人工降雨模拟系统，是在中国科学院地理科学与资源研究所刘昌明团队自行研制的针管桁架式模拟降雨装置的基础上改进而成的。小型人工降雨模拟器示意见图 2-10，野外使用的实物照片见图 2-11。

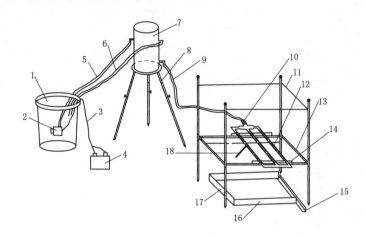

图 2-10　小型人工降雨模拟器示意图

1—供水桶；2—抽水泵（直流）；3—电线；4—直流电瓶（12V）；5—进水管；6—回水管；7—稳压水桶；

8—三脚架；9—出水管；10—流量控制阀；11—风挡；12—喷雨器；13—降雨器架；

14—滑轮装置；15—集流槽；16—长隔水板；17—短隔水板；18—滑动把手

2.1.2.2　人工降雨系统的改进

在本实验中，对该人工降雨模拟系统进行以下几点改进后，用于室内人工降雨入渗实验。

1. 供水系统

原有人工降雨器由放置在一定高度的稳压水桶供水，占地面积大、高度调节困难、水头高度和流量不易控制，在室内和室外使用均有不便。为了克服上述缺点，在本次实验中，使用直流水

图 2-11　小型人工降雨模拟器实物图

泵、旋转式截止阀和减压阀取代了原有的供水系统。所选用的水泵（图 2-12）额定电压为 12V，功率恒定为 120W，扬程可达 5m，最大流量为 1.5t/h，保证了降雨所需的最大

水压和流量；旋转式截止阀可以调节流量大小以便控制雨强；减压阀（图2-13）可以在管道流量较大时消减可能产生的水压波动，保证供水量的稳定。改进后的供水系统在供水量稳定的基础上，实现了供水量的快速调节，且设备便携，自动化程度高。

图 2-12　供水水泵

图 2-13　减压阀

图 2-14　玻璃转子流量
计实物图

2. 雨强调节系统

原有人工降雨器的雨强调节主要通过改变供水水头高度（供水桶高度）和喷头直径的组合实现，雨强的调节过程复杂，可调节范围较小，可控性较差。在本次实验中采用玻璃转子流量计（图2-14）结合旋转式截止阀控制流量，进而通过流量大小来控制雨强，流量计的量程为100～1000L/h，分度值为20L/h。此外，用工业上标准规格的不锈钢点胶针头取代了原有定制加工的喷头，在增加喷头种类的同时提高了精度与通用性。本次实验所使用的喷头型号见表2-2，适用于30～500mm/h的雨强，部分喷头实物见图2-15。

表 2-2　　　　　　　　　　　　喷 头 型 号 列 表

规格	内径/mm	颜色	规格	内径/mm	颜色
16G	1.25	黑色	21G	0.51	紫色
8G	0.84	绿色	22G	0.41	蓝色
19G	0.75	白色	23G	0.34	橙色
20G	0.60	粉红色			

2.1.2.3　喷管摆动系统

人工降雨器通过 3 个喷管喷水来模拟自然界降雨。原有的降雨器用人工手摇的方式实现喷管的匀速摆动，进而保证雨强空间分布的均匀性。但原有方式耗费人力，且很难避免由人为主观因素造成的降雨空间分布的不确定性。在本次实验中，用步进电机滑台取代了原有的人工手摇方式，实现了喷管摆动的范围、周期、速度的自动控制（图 2-16）。

图 2-15　实验所用的部分喷头实物图

图 2-16　步进电机滑台实物图

2.1.2.4　人工降雨系统的标定检验

雨强的平稳性和空间分布的均匀性是人工降雨系统的两个重要指标，现通过这两个指标对改进后的人工降雨系统进行标定检验。

1. 雨强的平稳性

在土槽上覆盖塑料布，收集并测量不同降雨强度条件下各时刻的降雨量，人工降雨器标定过程见图 2-17，各雨强条件下的降雨过程线见图 2-18，在选择合适喷头类型的前提下，降雨过程线比较平稳，波动范围小于 ±10%，满足实验要求。

图 2-17　人工降雨器标定过程

21

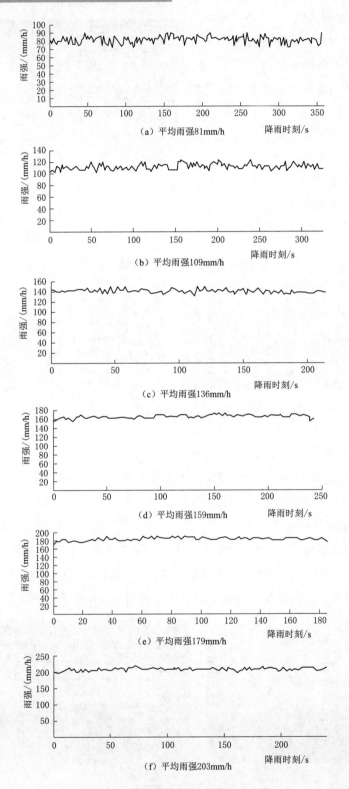

图 2-18　各雨强条件下的降雨过程线

2. 雨强空间分布的均匀性

为了得到雨强的空间分布，在降雨区内均匀放置 20 个小桶（4 排、5 列）（图 2-19），承接降雨过程中不同位置的降雨。降雨过程结束后，称量各桶中的水量，定量雨强的空间分布。归一化后雨强的空间分布结果见图 2-20。降雨的空间分布比较均匀，波动范围小于±10%，满足实验要求。

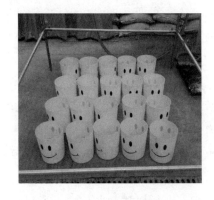

图 2-19　降雨空间均匀性标定雨水
承接小桶空间分布

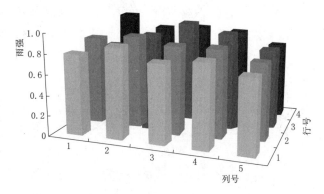

图 2-20　归一化后雨强空间分布

2.1.2.5　人工降雨系统的优点

综上可知，改进后的人工降雨系统，自动化程度较高，雨滴特性接近天然，雨强调控准确便捷，雨强的时间平稳性和空间分布均匀性较高，能满足大多数野外和室内小型人工降雨实验的需求。

2.1.3　观测记录系统

2.1.3.1　高精度测流系统

明渠坡面漫流的测量是水文实验径流观测中的一大难题，针对本次实验，研制开发了一套新的流量收集与观测记录系统。传统的测流方法主要通过测量径流总量的体积来推求流量，但不可避免的水位波动会造成一定的流量观测误差。因此，本测流系统通过电子秤称重的方法得到径流总量的重量，进而推求流量，有效避免了水位波动所带来的误差。径流的收集、观测、记录过程如下：在土槽下游与土体表面高度一致的位置设有溢流口，当产流发生时，土体表面形成积水层，地表径流溢流进集水装置中，通过水管流入放置于电子秤上的水箱内，各时刻电子秤（图 2-21）测

图 2-21　电子秤测流装置

得的累计径流量的重量数据通过串口线传输到电脑，并通过定制的 VB 程序实现数据的自动记录。水的体积为水重与水密度的比值，水的总体积的变化率即为流量。流量数据记录的时间间隔为 1s，精确到 $1cm^3/s$。电子秤的量程为 30kg。

该地表径流测定记录系统较传统的体积法测流（借助量筒或者水位计）具有以下优点：①数据连续，时间间隔短（1s），传统的用量筒测体积时数据不连续，数据间隔较长（几分钟）；②数据波动小，传统的测水位推求流量，由于不可避免的水位波动造成数据稳定性较差；③数据精度高，数据精度为 $1cm^3/s$，高于传统方法；④数据自动采集与记录。

2.1.3.2 土壤含水量测定方法

人工降雨入渗实验过程中，需要获取产流过程中不同深度土壤含水量的连续变化过程，选用频域反射法（Frequency Domain Reflection，FDR）作为土壤水分传感器。在土体的表层、深度为 5cm、10cm、15cm 和 20cm 处共布设了 5 个土壤水分传感器（图 2-22）。主要工作原理如下：将土壤的介电常数 ε 随水分的变化转换为电容量的变化，测得的电压值与土壤含水量存在线性关系（张荣标等，2010）。实时的土壤含水量数据（电压值）通过配套的数据采集器（图 2-23）记录并传输到电脑，数据采集的时间间隔为 1min。

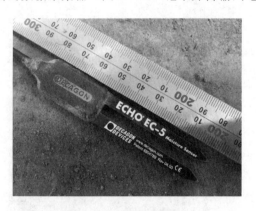

图 2-22　土壤水分传感器

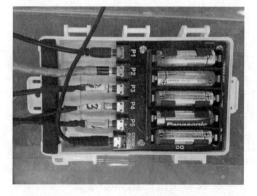

图 2-23　数据采集器

土壤水分传感器受土壤质地、结构等因素的影响，因此需要针对实验用土标定电压值与土壤含水量关系。控制标定土样的容重与实验土体一致，在不同土壤含水量条件下，用称重法测得准确的土壤含水量，与土壤水分传感器测得的电压值建立对应关系，标定结果见图 2-24。两者满足公式

$$\theta = 0.0012U - 0.4419 \tag{2-1}$$

式中　θ——土壤含水量；

　　　U——土壤水分传感器测得的电压值。

两者关系较好，相关系数 R^2 达到 0.91。

自然条件下饱和实验土体的蒸发过程缓慢，一场降雨过程后，土体的土壤含水状态

还原到初始状态所需时间较长（通常在 1 周以上）。为了便于控制前期土壤含水量，减少实验场次间隔，需要加快蒸发过程。本次实验利用浴霸和风扇增加辐射与风速，有效地促进蒸发，使得实验场次间隔时间缩短为 1 天左右，且对实验土体结构等无影响，加速土壤水分蒸发装置见图 2-25。

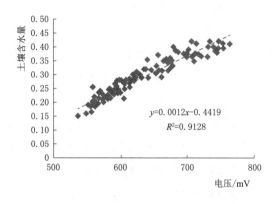

$y=0.0012x-0.4419$

$R^2=0.9128$

图 2-24　土壤水分传感器标定结果　　　　图 2-25　加速土壤水分蒸发装置

2.2　实验情景设计与数据处理

2.2.1　实验情境设计

实验方案在设计时主要考虑雨强和前期土壤含水量这两个变量对入渗产流过程的影响，通过测定记录装置获取产流过程中详细的土壤含水量以及径流量的变化过程数据，定量分析上述两因素的影响规律与作用机理。在实验设计时排除其他因素的影响，具体如下：仅研究裸土产流过程以排除土地覆被因素的影响；通过控制坡度小于 3°以排除坡度因素的影响；保证坡面平整来排除填洼的影响；通过筛分保证土壤粒径的均一性，采用均匀装填的方法排除土壤结构差异以及土壤分层的影响。

入渗产流过程是下垫面对降雨输入的再分配过程，只考虑垂向水分运动时，一部分降雨渗入土体，改变土壤的含水量，剩余降雨形成地表径流。降雨不仅是入渗产流过程的驱动项，也是一个重要影响因素。自然界中降雨的雨型、强度、时空分布是复杂多变的，在室内实验中可以把降雨概化为空间分布均匀、时间过程平稳的均匀降雨，此时，雨强成为降雨的唯一特征因子。半干旱半湿润区的暴雨历时短、强度大，例如"7·21"北京房山区特大暴雨，其最大降雨量达到 100mm/h 以上，瞬时雨强会更高（谌芸等，2012）。以此为参考，实验中最大设计雨强为 200mm/h。实验土体的稳渗率在 30mm/h 左右，当实验土体接近稳渗率时较难形成地表径流，因此最小设计雨强为 50mm/h。人工降雨雨强的变化范围设定为 50～200mm/h，共设计了 8 挡不同大小的雨强。

前期土壤含水量是降雨入渗产流过程的重要初始条件，同时土壤含水量也随着产流过程的进行不断发生变化。在自然流域中，汛期下垫面土体很难达到较为干燥的前期土壤含水量条件，因此实验土体表面的最低前期土壤含水量条件设为 0.20。由于在前期土壤含水量接近饱和时，初始下渗率接近稳渗率，入渗产流过程接近线性变化规律，故最高前期土壤含水量条件设为 0.35。由于实验土体的前期土壤含水量不能完全精确控制，因此在 0.20～0.35 的变化范围内，前期土壤含水量分为低（0.20～0.25）、中（0.25～0.30）和高（0.30～0.35）共三类。

在雨强和前期土壤含水量设计范围内，尽可能使实验场次均匀分布，保证每个雨强

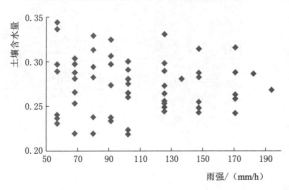

图 2-26　各实验场次雨强与前期土壤含水量条件

与前期土壤含水量区间内均开展实验。共完成了近 70 场实验，各场次雨强和前期土壤含水量条件见图 2-26。

各场次实验过程都需观测到流量稳定的阶段，一般情况下每场降雨产流过程持续 20～30min。流量过程包括初损阶段、流量变化增加阶段、流量稳定阶段，以及停止降雨后的退水阶段。

2.2.2　实验数据处理

各场次获取的实验数据包括流量、下渗率以及分层土壤含水量的变化过程。

1. 流量过程线

电子秤测流装置直接记录的是各时刻总径流量的重量，首先把重量转换为体积，再计算各时刻累计净流量的体积较前一时刻体积的差值，即得到流量序列，时间间隔为 1s。具体计算公式为

$$Q_i = (M_i - M_{i-1})/\rho \Delta t \qquad (2-2)$$

式中　Q_i——i 时刻的流量，cm^3/s；

$\qquad M_i$——i 时刻电子秤测得的累计径流量的重量；

$\qquad \rho$——水的密度，g/cm^3；

$\qquad \Delta t$——时间步长（1s）。

实验过程中，地表径流中泥沙含量极少，对水的密度的影响可以忽略。

为便于同雨强比较，把流量序列除以土体面积（1m^2），得到径流深序列，单位与雨强一致。典型的流量过程线见图 2-27，包括初损期、不稳定入渗期、稳定入渗期和退水期。

2. 下渗率过程线

根据水量平衡，某一时刻的下渗率等于这一时刻的雨强减去流量。具体计算公式为

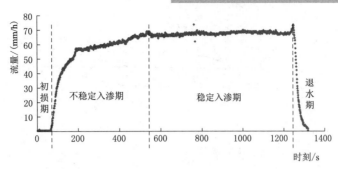

图 2-27 流量过程线

$$f_i = P - Q_i \tag{2-3}$$

式中　f_i——i 时刻的下渗率，mm/h；

　　　Q_i——i 时刻的流量，cm³/s；

　　　P——降雨强度，mm/h。

在开始产流时刻之前，下渗能力大于雨强，下渗率等于雨强，研究意义不大，故只计算产流期的下渗率随时间的变化过程。典型的下渗率过程线见图 2-28。

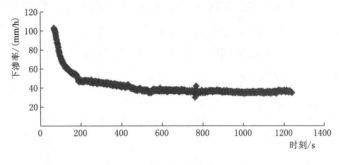

图 2-28 典型的下渗率过程线

3. 土壤含水量过程线

如前文所述，共记录 5 个深度土壤含水量的变化（表层、5cm、10cm、15cm 和 20cm），通过率定好的公式［式（2-1）］，把土壤水分传感器记录的电压值转换为体积土壤含水量。典型的土壤含水量过程线见图 2-29。

2.3　实验数据分析

实验主要研究雨强和前期土壤含水量对产流过程的影响规律与作用机理。不同雨强和前期土壤含水量条件下各场次的产流过程线难以直接比较，故对能够概括各场次产流过程，反映主要变化规律的特征值进行分析。在统计分析的基础上进行模型应用分析，选取目前常用的三个代表性入渗产流模型，着重研究模型参数与雨强和前期土壤含水量的关系。

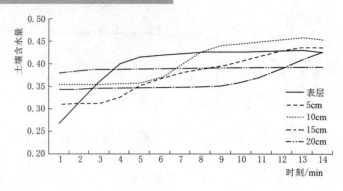

图 2 - 29 典型的土壤含水量过程线

2.3.1 不同雨强和前期土壤含水量的产流过程对比分析

前期土壤含水量是指开始降雨时的土壤含水量，一般用土壤体积含水量表示。产流过程（图 2 - 30）主要包括以下特征值：①初损历时（t_0），初损过程的持续时间，对应开始产流的时刻，单位为 s；②初损量（I_0），初损过程的降水损失量，由雨强乘以初损历时求得，单位为 mm；③稳定入渗时刻（t_1），流量和入渗率达到稳定的时刻，单位为 s；④稳定入渗期径流量（q_1），稳定入渗期的平均流量，单位为 mm/h；⑤稳渗率（f_c），稳定入渗期的平均下渗率，由雨强减稳定径流量求得，单位为 mm/h；⑥稳定入渗期径流系数（C_1），由稳定径流量除以雨强求得，无量纲。

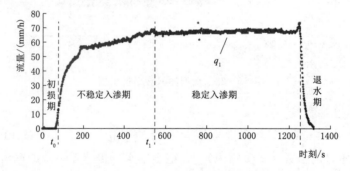

图 2 - 30 产流过程特征值

2.3.1.1 初损历时和稳定入渗时刻

初损历时（t_0）是初损过程的持续时间，初损历时受雨强（i）和前期土壤含水量（θ_0）的共同影响，降雨强度越大，前期土壤含水量越高，初损历时越短。

绘制各场次雨强与初损历时散点图［图 2 - 31 (a)］，发现两者存在幂函数关系（$R^2 \approx 0.62$），函数形式为

$$t_0 = c \cdot i^{-m} \tag{2-4}$$

式中 c——土壤吸水性常数；

m——土壤吸水递减指数。

这两个变量均与下垫面类型和土壤有关（刘昌明等，1965）。

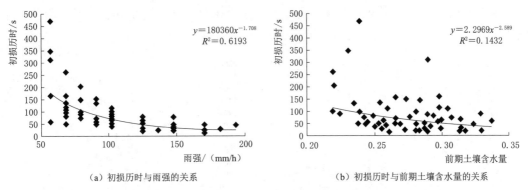

（a）初损历时与雨强的关系　　　　　　（b）初损历时与前期土壤含水量的关系

图 2-31　初损历时与雨强及前期土壤含水量的关系

前期土壤含水量与初损历时不存在明显的相关关系［图 2-31（b）］。选取场次数量较为集中的三类雨强条件下的实验数据，排除雨强影响，分析相同雨强条件下，前期土壤含水量对产流过程的影响。三类雨强分别为 75mm/h、95mm/h 和 135mm/h（图 2-32）。发现前期土壤含水量与初损历时存在线性和幂函数两种负相关形式，但相关系数普遍较低，说明初损历时很大程度上由雨强决定。

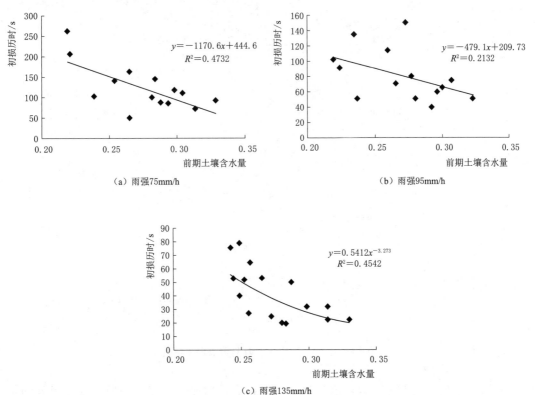

（a）雨强75mm/h　　　　　　　　　（b）雨强95mm/h

（c）雨强135mm/h

图 2-32　相同雨强条件下初损历时与前期土壤含水量的关系

大致相似的关系也适用于稳定入渗时刻（t_1）（图2-33和图2-34）。稳定入渗时刻与雨强呈现幂函数关系且相关系数较高，$R^2 = 0.5513$，但与前期土壤含水量的相关性较低。相同雨强条件下，稳定入渗时刻与前期土壤含水量存在一定负相关关系，但相关系数普遍较低。

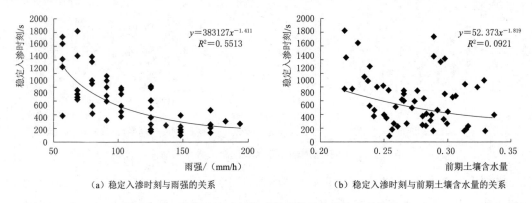

（a）稳定入渗时刻与雨强的关系　　　　　（b）稳定入渗时刻与前期土壤含水量的关系

图2-33　稳定入渗时刻与雨强及前期土壤含水量的关系

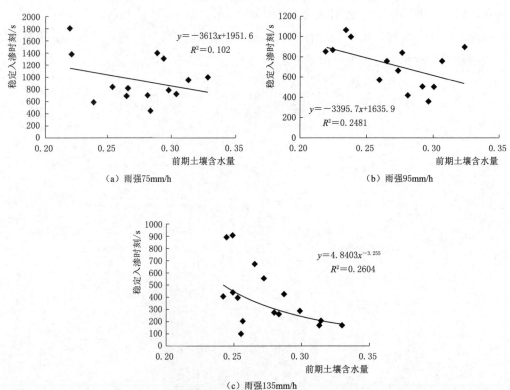

（a）雨强75mm/h　　　　　（b）雨强95mm/h

（c）雨强135mm/h

图2-34　相同雨强条件下稳定入渗时刻与前期土壤含水量的关系

初损历时和稳定入渗时刻产流过程的两个标志性时刻，两者之间同样存在很好的正相关幂函数关系，$R^2 = 0.6314$（图2-35），即产流越快发生，流量越快达到稳定。

2.3.1.2 初损量

初损量（I_0）是指初损过程的累计降雨量。与前两个特征值相反，初损量与前期土壤含水量的相关性高于其与雨强的相关性（图 2-36）。同样按照降雨强度不同对实验场次进行分类，相同雨强条件下，初损量与前期土壤含水量的负相关关系明显（图 2-37）。因此综合来看，初损量（I_0）主要受前期土壤含水量的影响。

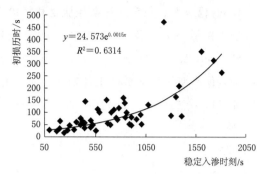

图 2-35　初损历时与稳定入渗时刻的关系

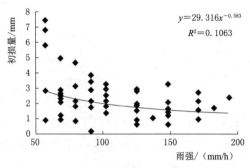

（a）初损量与雨强的关系

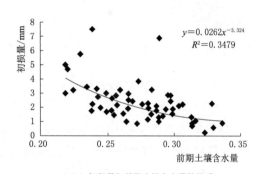

（b）初损量与前期土壤含水量的关系

图 2-36　初损量与雨强及前期土壤含水量的关系

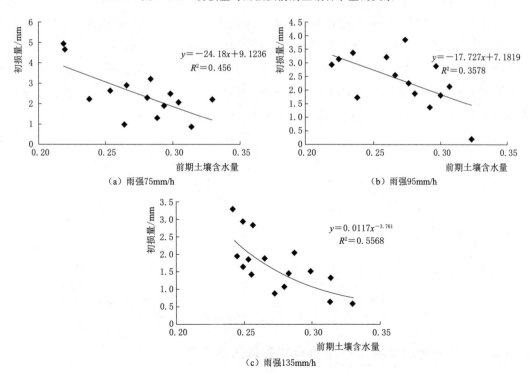

（a）雨强75mm/h

（b）雨强95mm/h

（c）雨强135mm/h

图 2-37　相同雨强条件下初损历时与前期土壤含水量的关系

31

2.3.1.3 稳渗率、稳定入渗期径流量和径流系数

进入稳渗期后，降雨径流大致呈现线性变化规律。按照传统的 Horton 下渗理论（Horton，1939；Horton，1941），随着产流过程的进行，下渗率逐渐减少，最终达到稳渗率，稳渗率只与下垫面土体有关，而与雨强和前期土壤含水量无关。实验结果很好地印证了这一点（图 2-38），各场次实验最终的稳渗率在 20～45mm/h 的范围内波动。

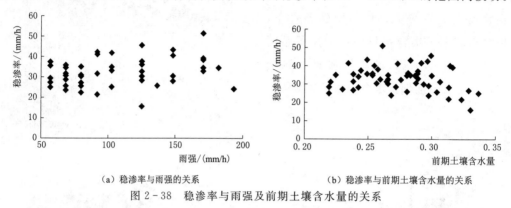

（a）稳渗率与雨强的关系　　　　　　（b）稳渗率与前期土壤含水量的关系

图 2-38　稳渗率与雨强及前期土壤含水量的关系

稳渗率的波动可能由以下原因综合造成：①数据来源于四个土体的人工降雨实验，土体间土壤结构难免有微小差异，影响入渗过程；②各场次实验最终湿润锋达到深度和湿润锋所在位置的土壤含水量均不同，影响最终的稳渗率；③稳渗率由雨强减去稳定入渗期平均流量求得，人工降雨雨强控制的误差被放大（例如 5mm/h 的误差对 200mm/h 雨强来说，误差仅有 2.5%，但对于 35mm/h 的稳渗率来说，误差达到 14%）。但整体而言，稳渗率的误差在可接受范围之内，通过算术平均求得实验土体的稳渗率为 34.7mm/h。

由于稳渗率为定值，故稳定入渗期径流量（q_1）随雨强的增加而线性增加，稳定入渗期径流系数（C_1）随雨强增加而增加，但增加速率逐渐变慢，关系见图 2-39。稳定入渗期径流量和径流系数均与前期土壤含水量无关。

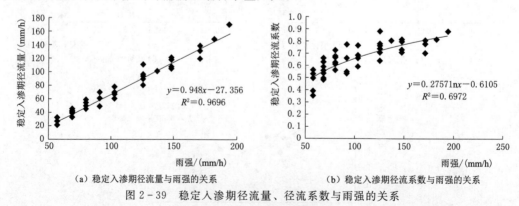

（a）稳定入渗期径流量与雨强的关系　　　　（b）稳定入渗期径流系数与雨强的关系

图 2-39　稳定入渗期径流量、径流系数与雨强的关系

2.3.2　雨强和前期土壤含水量与模型参数关系识别

把 3 种代表性入渗产流模型应用于实验场次的下渗过程模拟中，对比分析各模型的结

构、参数分布规律以及模拟效果，找出现有模型的不足之处。

2.3.2.1 LCM 产流计算

LCM 模型是基于大量野外人工降雨实验数据统计分析而来的，计算公式见式（1-10）。其中 R，r 可由土地类型（土地覆盖与土地利用）和前期土壤湿度查表选择。

LCM 模型描述的是雨强与平均入渗损失率的关系，由于模型中未考虑降雨历时或降雨总量，故对实验场次数据进行处理，计算各实验场次在不同降雨总量条件下的雨强与对应的产流期平均入渗损失率，降雨总量 P 的范围为 $5\sim30$mm。由图 2-40 可以发现，在处理后的实验场次数据中，雨强与产流期平均入渗损失率是一对多而非一对一的关系。产生这一现象主要是由于在一场下渗产流实验中，随着均匀降雨的进行，雨强不变而平均入渗损失率在逐渐减少随后趋于稳定，故因降雨总量的不同，产流期平均入渗损失率与雨强的关系不固定。式（2-4）的拟合结果不够理想（图 2-41），用一套参数对所有场次的数据进行拟合时，相关系数为 0.56，效率系数为 0.31。

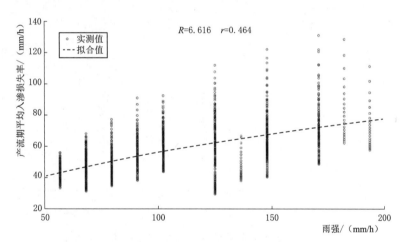

图 2-40　雨强与产流期平均入渗损失率的关系

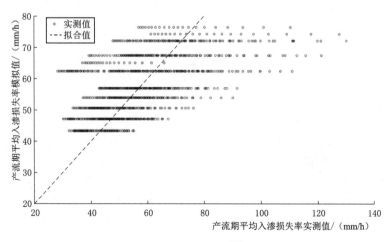

图 2-41　原 LCM 公式拟合效果

为了解决这一问题，对 LCM 公式进行改写，把"强度关系"改为"总量关系"，即描述降雨量与入渗损失量的关系为

$$F = R \cdot P^r \qquad\qquad (2-5)$$

式中　F——产流期总入渗损失量，mm；

　　　P——流域产流期降雨总量，mm；

　　　R、r——损失系数。

每场降雨过程的 F 与 P 关系良好（图 2-42），同样呈现幂函数关系，用改写后的 LCM 模型可以很好地对实验数据进行拟合。用一套参数对全部场次进行拟合（图 2-43），相关系数为 0.83，效率系数为 0.71，明显高于改进前的模拟效果。用改写后的公式对共 56 场实验数据分别进行拟合，各场次的模拟结果见图 2-44 和图 2-45，相关系数均在 0.99 以上。

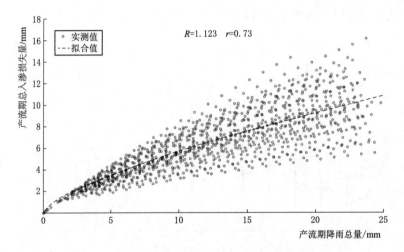

图 2-42　产流期降雨总量与产流期入渗损失总量的关系

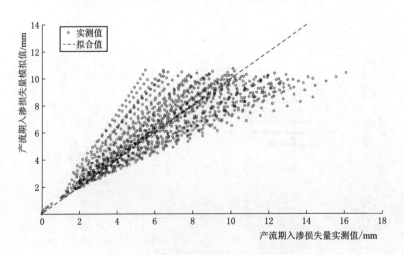

图 2-43　改写后 LCM 公式拟合效果

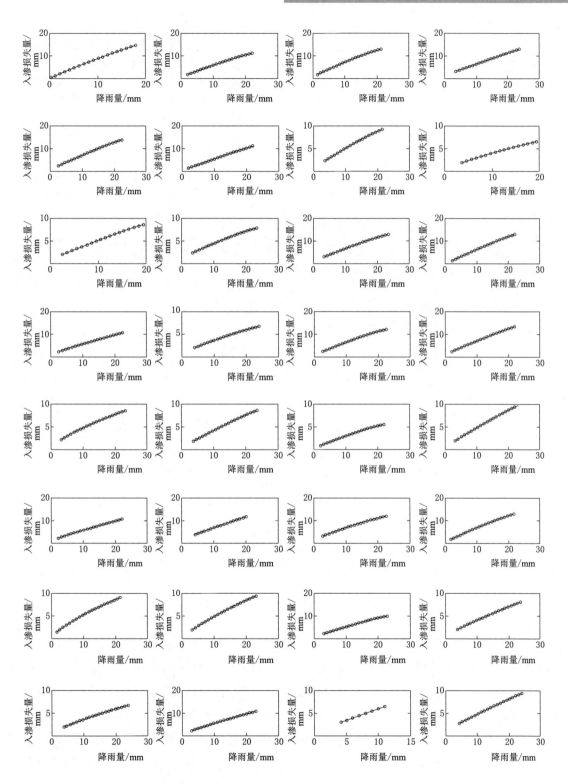

图 2-44　改写后 LCM 公式拟合结果（场次 1~32）

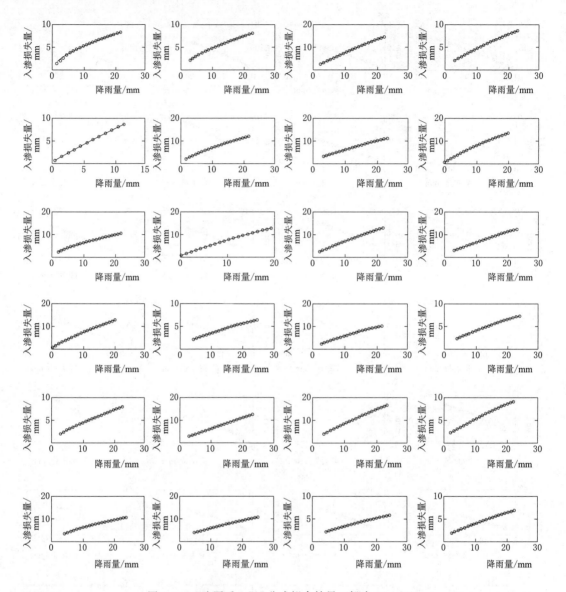

图 2-45 改写后 LCM 公式拟合结果（场次 33~56）

在准确模拟的基础上，研究 LCM 公式两个损失系数（R, r）的分布规律，及其与雨强和前期土壤含水量两个因素的关系。各场次拟合得到的 R、r 与雨强及土壤含水量的关系见图 2-46，可以发现 R 的变化范围较大（0.6~1.4），r 的变化范围较小（0.6~0.9）；相对来说，R 主要受前期土壤含水量的影响，r 主要受雨强的影响，但相关系数均不高，分别为 0.47 和 0.67。LCM 模型的两个参数均隐含了雨强和前期土壤含水量的影响，因此该模型不能定量分析上述两因素的影响，特别是前期土壤含水量对产流过程的影响。

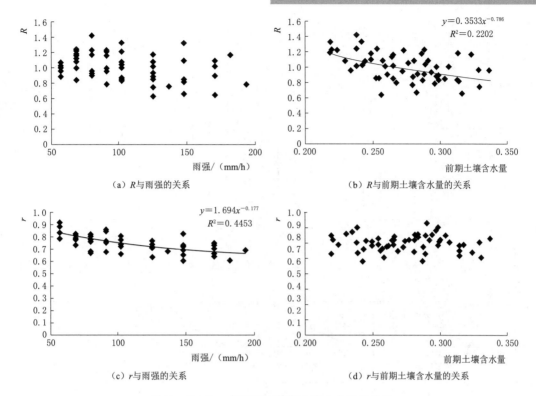

图 2-46 R、r 与雨强和前期土壤含水量的关系

2.3.2.2   SCS 产流计算

SCS-CN 模型是基于水平衡方程以及两个基本假设建立的：①比例相等假设；②初损值与当时可能最大潜在滞留量关系假设。模型的经典计算公式为

$$Q = \frac{(P - \lambda S)^2}{P + (1 - \lambda)S} \tag{2-6}$$

式中 P——流域总降雨量，mm；

   Q——地表径流量，mm；

   S——当时可能最大滞留量，mm；

   λ——区域参数，主要取决于地理和气候因子（Patil et al.，2008）。

当时可能最大滞留量 S 用无量纲系数 CN 来表示（取值范围为 $0 \leqslant CN \leqslant 100$），$S$ 的计算公式见式（1-9）。

用 SCS-CN 模型对全部实验数据进行模拟（图 2-47），得到 $CN = 95$，相关系数为 0.85，效率系数为 0.70。对各场次实验数据分别拟合（图 2-48 和图 2-49），相关系数均在 0.99 以上。分析各场次拟合得到的 CN 值与雨强及前期土壤含水量的关系（图 2-50），发现 CN 值与雨强幂函数关系明显，R^2 达到 0.5，但与前期土壤含水量无明显相关关系，说明 SCS 模型不能很好地反映前期土壤含水量对降雨入渗产流过程的影响。

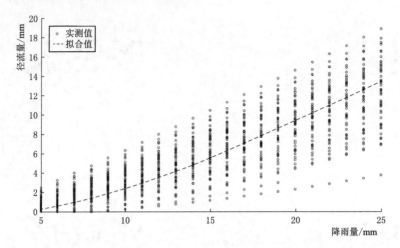

图 2-47 降雨量与径流量的关系

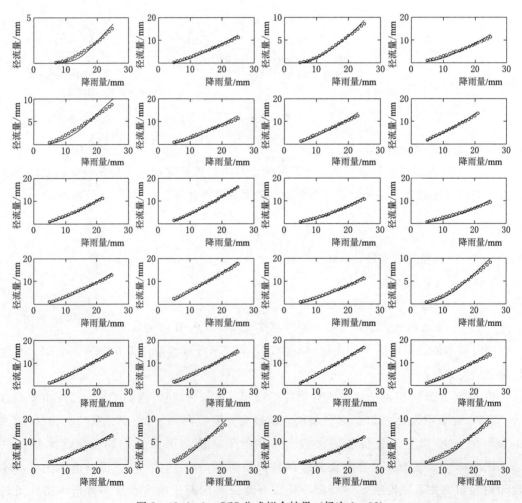

图 2-48（一） SCS 公式拟合结果（场次 1~32）

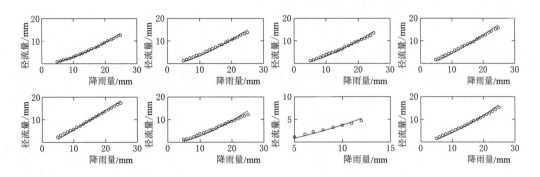

图 2-48（二） SCS 公式拟合结果（场次 1～32）

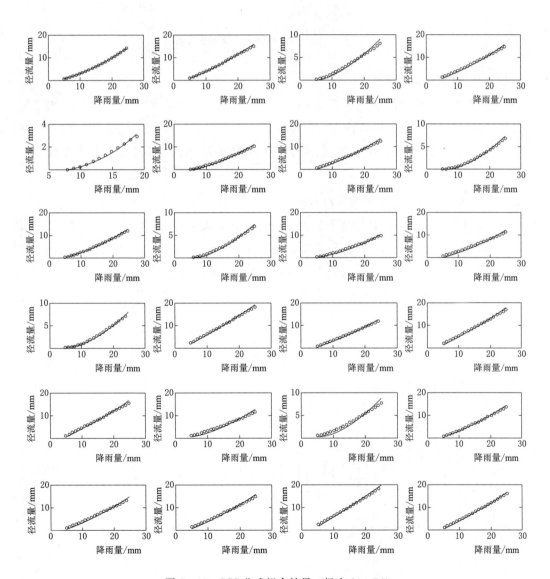

图 2-49　SCS 公式拟合结果（场次 29～56）

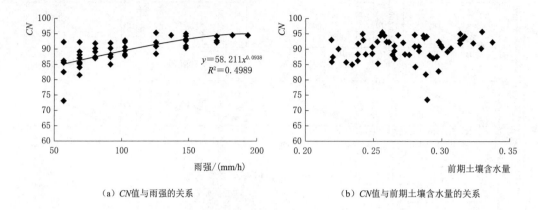

（a）CN值与雨强的关系 　　　　　　　　（b）CN值与前期土壤含水量的关系

图 2-50　CN 值与雨强和前期土壤含水量的关系

2.3.2.3　Horton 产流计算

Horton 通过实验数据分析，发现降雨入渗过程中土壤下渗能力随时间呈指数变化，公式见式（1-1）。均匀降雨条件下，产流期下渗能力等于下渗率。因此，式（1-1）中的 $f(t)$ 为 t 时刻的下渗率，f_c 和 f_0 分别为稳定下渗率和初始下渗率，k 为参数，f_c、f_0 和 k 均需率定。

用 Horton 公式对全部实验数据进行拟合（图 2-51），率定得到 $f_0=1.78$，$f_c=0.54$，$k=0.29$，相关系数为 0.77，效率系数为 0.60。对各场次实验数据分别拟合（图 2-52 和图 2-53），相关系数均在 0.98 左右。分析各场次拟合得到的参数 f_c、f_0 和 k 与雨强及前期土壤含水量的关系（图 2-54），发现 k 值与雨强呈幂函数关系，R^2 接近 0.5，说明参数 k 在一定程度上可以反映雨强大小。

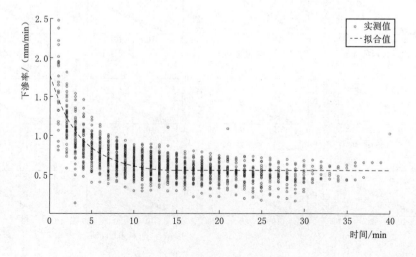

图 2-51　下渗率随时间的变化过程

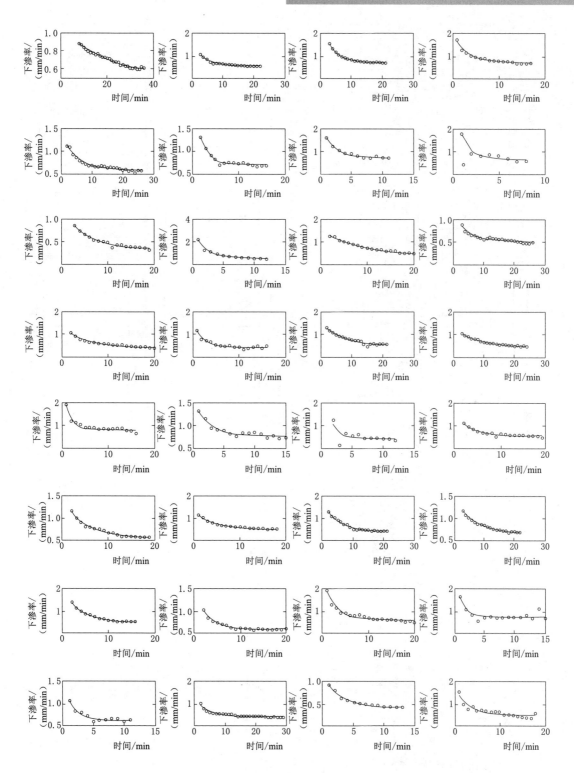

图 2-52 Horton 公式拟合结果（场次 1～32）

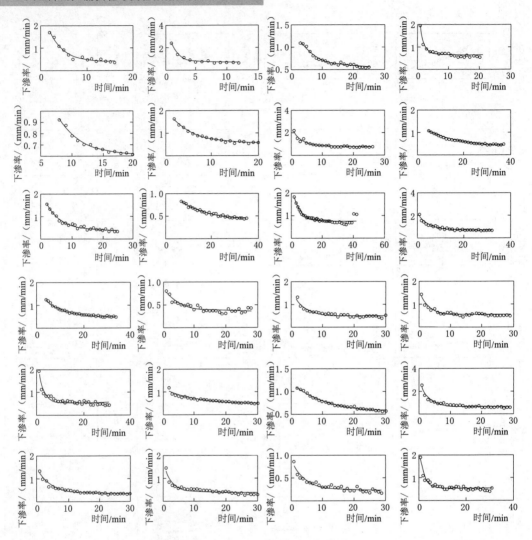

图 2-53　Horton 公式拟合结果（场次 33～56）

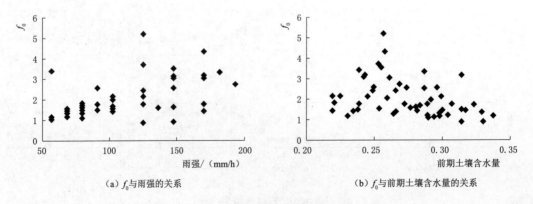

（a）f_0 与雨强的关系　　　　　　　　　　（b）f_0 与前期土壤含水量的关系

图 2-54（一）　f_0、f_c 和 k 与雨强和前期土壤含水量的关系

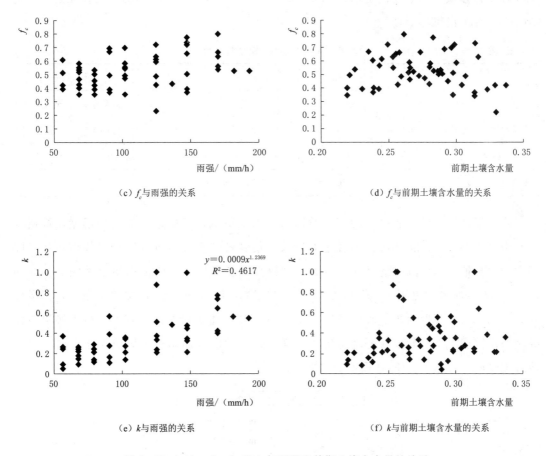

(c) f_c 与雨强的关系　　　　　　　　　　(d) f_c 与前期土壤含水量的关系

(e) k 与雨强的关系　　　　　　　　　　(f) k 与前期土壤含水量的关系

图 2-54（二）　f_0、f_c 和 k 与雨强和前期土壤含水量的关系

2.3.3　三种产流计算模型的比较分析

　　LCM、SCS 和 Horton 模型均是应用较为广泛的概念性水文模型，模型结构简单，参数较少但缺乏较为坚实的物理基础，且雨强和前期土壤含水量对产流过程的影响是隐含在模型参数中的，没有作为模型输入而被直接考虑。三种模型虽然都是描述入渗产流过程，但模型的输入和输出，函数形式和参数个数均不同（表 2-3）。具体来说，LCM 模型关注产流过程中降雨总量与入渗损失总量的关系，未考虑开始产流前的初损过程；SCS 模型关注整个降雨过程中的降雨总量与径流总量的关系，综合考虑初损期与产流期；Horton 模型关注入渗过程中下渗率随时间的变化过程，通过计算每一时刻下渗率进而得到流量。虽然 LCM 模型和 SCS 模型参数个数不同，但两者的模拟效果均较好；Horton 模型虽然参数较多，但模拟效果反而较差，这可能是由该模型描述的下渗率随时间变化过程的非线性特性突出造成的。值得注意的是对于一场产流过程，LCM 模型和 SCS 模型

只能计算入渗损失总量或径流总量，而 Horton 模型可以得到下渗率随时间变化过程，包含更多的细节信息。

表 2-3 　　　　　　　　　 LCM、SCS、Horton 模型特征比较

类型	输入	输出	函数形式	参数个数	模拟效果	
					相关系数	效率系数
LCM 模型	产流期降雨总量	产流期入渗损失总量	幂函数	2	0.83	0.71
SCS 模型	降雨总量	径流总量	倒数函数	1	0.85	0.70
Horton 模型	降雨时间	下渗率	指数函数	3	0.77	0.60

　　为了消除模型输入和输出的不同对模拟效果的影响，更好地比较三种模型，根据水量平衡对 LCM 模型和 Horton 模型进行变换，使其模型输入和输入与 SCS 模型一致，即根据降雨总量计算径流总量。统一后的三种模型对各场次数据的模拟结果见图 2-55 和图 2-56，模拟效果见图 2-57 和表 2-4。可以看出 LCM 模型的模拟效果最好，三指标均为最优，SCS 模型的效率系数较差，Horton 模型的体积误差波动较大。由于实验条件控制得比较理想，实验数据记录得比较精确，故三种模型都能够很好地描述降雨入渗产流过程，但综合起来，LCM 模型的表现最优。

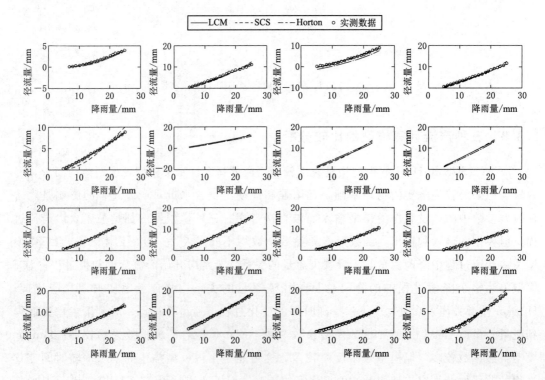

图 2-55（一）　三种模型模拟结果（场次 1~32）

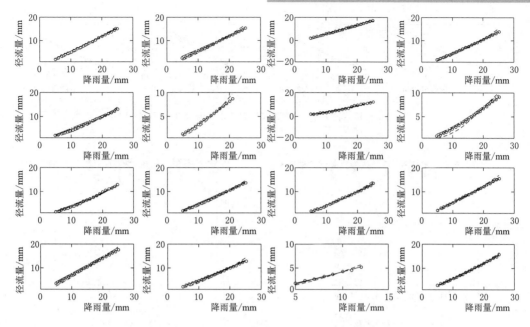

图 2-55（二）　三种模型模拟结果（场次 1～32）

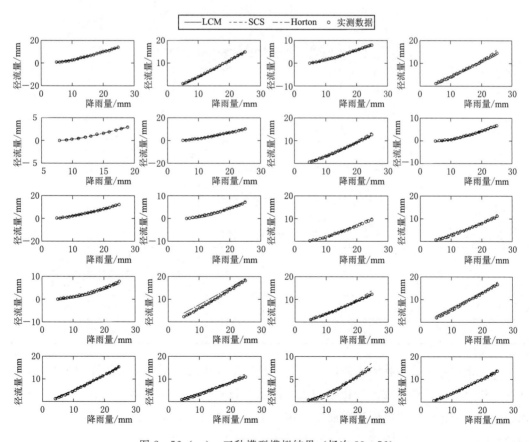

图 2-56（一）　三种模型模拟结果（场次 33～56）

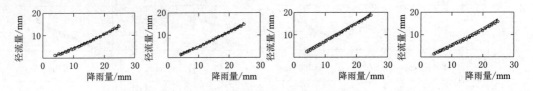

图 2-56（二） 三种模型模拟结果（场次 33～56）

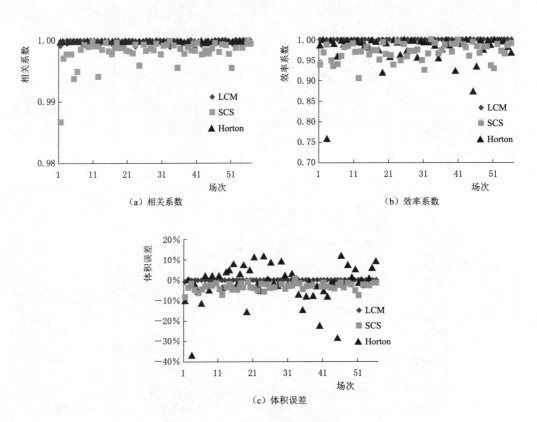

图 2-57 三种模型模拟效果

表 2-4   三种模型的模拟效果

类型	相关系数	效率系数	体积误差/%
LCM 模型	1.00	1.00	-0.12
SCS 模型	1.00	0.97	-3.18
Horton 模型	1.00	0.98	-1.43

　　总体来说，不管函数形式如何，上述三种模型描述的都是径流量随降雨量增加的非线性变化过程，且模拟效果均比较理想。但从参数意义及分布规律上来看，这三种模型的参数均不能很好地体现雨强和前期土壤含水量，特别是前期土壤含水量因素对产流过程的影响，缺乏一定的物理基础，不利于进一步深入研究和应用。

2.4 本章小结

（1）本书自主研制了包括下垫面系统、人工降雨系统和实验观测记录系统三个部分的一套室内人工降雨入渗实验系统。该实验系统能够在雨强的时间平稳性和空间分布均匀性、流量观测的准确性、稳定性和时间分辨率以及系统的自动化程度等指标上都表现出优异性能。另外，本书设计的实验方案包括 8 挡不同大小降雨强度（变化范围为 50～200mm/h）和 3 挡不同土壤表层前期土壤含水量（低：20%～25%；中：25%～30%；高：30%～35%），并在雨强和前期土壤含水量设计范围内，尽可能使实验场次均匀分布和保证每个雨强与前期土壤含水量条件下均有场次的条件下，共完成了近 70 场实验；获取的流量数据精度为 $1cm^3/s$，时间步长为 1s；共观测记录 0～20cm 范围内的 5 个不同深度的土壤含水量变化过程，时间步长为 1min。实验记录从开始降雨到流量达到稳定的整个过程，一般各场次的持续时间为 30min。

（2）本书借助初损历时 t_0、稳定入渗时刻 t_1、初损量 I_0、稳渗率 f_c、稳定入渗期径流量 q_1 和稳定入渗期径流系数 C_1 6 个产流特征值，主要得到以下结论：初损历时 t_0 和稳定入渗时刻 t_1 主要受降雨强度的影响，表现为负相关关系的幂函数形式，而与前期土壤含水量关系不显著；初损量 I_0 主要受前期土壤含水量的影响，表现为负相关关系的线性或幂函数形式，但与雨强关系不显著；进入稳定入渗期后，降水—径流关系趋于线性，实验条件下的稳渗率 f_c 在 35mm/h 左右波动，稳定入渗期径流量 q_1 随雨强线性增加，稳定入渗期径流系数 C_1 随雨强呈对数函数形式增加；稳渗期产流过程基本不受前期土壤含水量影响。在上述的产流特征值的基础上，选用三种有代表性的入渗产流模型（LCM模型、SCS模型和Horton模型），通过分析参数分布规律，发现三种模型的参数均很难与雨强和前期土壤含水量建立定量关系，模型参数的物理意义不明确，不利于深入研究和应用。而且现有模型大多关注水量，而忽略了雨强的影响，造成产流过程描述不清，模拟结果存在一定偏差。此外，由于模型构建思路、核心影响要素、模型结构等问题，前期土壤含水量对产流过程的影响往往隐含在模型参数中，并不能被明确描述，需要从研究产流过程中下渗率—土壤含水量关系入手，深入研究上述问题。

第 3 章

考虑前期土壤含水量的产流模型改进

产流过程的关键变量包括降雨历时、降雨强度、下渗率和土壤含水量。其中，下渗率（f）与土壤含水量（θ）具有复杂的影响作用关系（f—θ 关系）：随着入渗过程的进行，土壤含水量增加，而增加的土壤含水量又反过来引起下渗率的减少，下渗率与土壤含水量之间相互作用，并且这一作用关系随时间不断发展。已有下渗研究大多是针对下渗率与降雨历时间关系的，是下渗率随土壤含水量变化过程和土壤含水量随时间变化过程的综合表达，忽视了下渗率与土壤含水量间的复杂作用过程。例如 Horton 模型、SCS 模型和 LCM 模型等概念性模型，描述的是下渗率与时间或降雨量与径流量的经验关系，未考虑下渗率与土壤含水量间的关系（Horton，1941；SCS，1985；李军等，2014）；Green - Ampt 模型是描述土壤饱和入渗的经典模型，但该模型假设下渗过程类似"活塞运动"，下渗土体只有湿润锋以上的饱和土壤含水量和湿润锋以下的前期土壤含水量这两种土壤含水量状态，因此不能直接用于研究下渗率—土壤含水量关系（Green 和 Ampt，1911；汪志荣等，1998；王全九等，2002；李毅等，2007；刘姗姗等，2012）；Richards 方程是描述非饱和土壤水分运动的基本方程，通过 $K(\theta)$（导水率与土壤含水量关系）和 $\psi(\theta)$（基质势与土壤含水量关系）描述下渗与土壤水分运动物理过程。但由于模型参数较多且不易获取、求解复杂等问题，使得 Richards 方程难以直接给出简单有效的下渗率—土壤含水量关系（Richards，1931；Celia 等，1990；邵明安等，2000；Lai 和 Ogden，2015）。因此，已有研究缺少对 f—θ 关系的明确描述，不能很好地回答"下渗率究竟怎样随土壤含水量变化"以及"这一变化过程主要受什么因素影响"这两个问题。深入探讨上述两个问题，有助于定量分析前期土壤含水量对入渗产流过程的影响。本章首先在数理统计分析的基础上，分别基于 Horton 模型和 Green - Ampt 模型定量研究这一关系，并分析前期土壤含水量变化对 f—θ 关系的影响。然后以产流期下渗率—土壤含水量关系（f—θ 公式）为核心，结合水量平衡分析，提出了基于 f—θ 公式的产流计算新方法，并构建了一个新的次洪模型——f—θ 模型。最后利用室内人工降雨入渗实验数据，验证该模型的准确性和合理性，并分析参数分布规律。

3.1 下渗率—土壤含水量关系识别与定量描述

3.1.1 下渗率—土壤含水量关系识别

定性来说，在入渗产流过程中，下渗率不断减小，土壤含水量不断增加，两者呈负相关关系。结合实验条件，下渗可能影响的最大土壤深度为 20cm，故研究表层（0～20cm 深度范围内）土壤含水量—下渗率关系。将土壤表层 20cm 平均分为 5 层，取这 5 层的平均土壤含水量作为表层土壤含水量。典型实验场次的下渗率与土壤含水量变化过程见图 3-1，把下渗率的单位转换成 mm/min，下渗率随土壤含水量的变化过程见图 3-2。可以看出，随着产流过程的进行，土壤含水量不断增加，下渗率不断减小，减少速率逐渐变慢，最终下渗率趋于稳定（稳渗率）。共有 24 场实验的分层土壤含水量与下渗率数据完整且可靠，各场次信息见表 3-1。

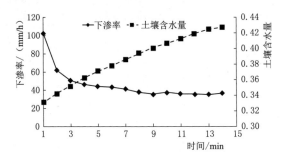

图 3-1 下渗率与土壤含水量变化过程

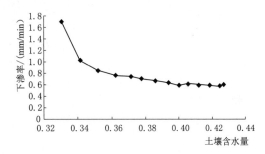

图 3-2 下渗率与土壤含水量的关系

表 3-1　　　　　　　　各 场 次 信 息

场次	下渗率/(mm/min)	前期土壤含水量	场次	下渗率/(mm/min)	前期土壤含水量
1	1.33	0.343	13	1.71	0.350
2	1.52	0.339	14	2.09	0.305
3	1.71	0.337	15	1.33	0.307
4	2.85	0.335	16	1.52	0.354
5	1.71	0.335	17	2.47	0.328
6	1.52	0.329	18	1.33	0.310
7	1.71	0.366	19	1.14	0.329
8	2.85	0.366	20	2.85	0.352
9	1.14	0.381	21	0.95	0.380
10	0.95	0.377	22	1.52	0.344
11	2.85	0.343	23	2.09	0.339
12	1.14	0.324	24	3.23	0.363

把 24 场实验的下渗率与土壤含水量实测数据放在一起，分析其整体分布规律（图 3-3）。可以发现各场次实验中的下渗率随土壤含水量变化的规律基本一致，但由于实验条件（雨强和前期土壤含水量）的不同，造成不同场次之间下渗率—土壤含水量关系的细微差别，最终使得两者关系大致呈现条带状分布。利用 TableCurve 软件（Scientific，1996）对下渗率与土壤含水量实测数据进行拟合，选取 14 场实验数据用于率定曲线，剩余 10 场数据用于验证曲线。拟合效果较好的 5 个两参数简单公式见表 3-2，拟合结果见图 3-4。5 个公式的拟合结果均较好，相关系数在 0.8 左右，效率系数高于 0.6，体积误差波动范围小于±0.1，且各公式间拟合结果相差不大。前 4 个公式的函数形式均近似倒数关系，其中公式 1 描述的倒数线性关系最为简单，可以作为基于数理统计分析拟合得到的最优函数形式，即

$$f = a + \frac{b}{\theta} \tag{3-1}$$

式中　　f——下渗率，mm/min；

　　　　θ——土壤含水量；

　　　　a、b——两个参数。

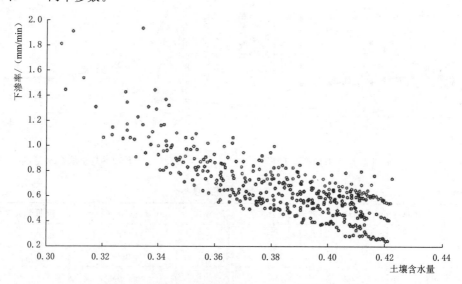

图 3-3　各场次实测下渗率随土壤含水量变化过程

表 3-2　　　　　　　基于两参数简单公式的下渗率—土壤含水量关系拟合效果

编号	公式	参数值		率定数据			验证数据		
		a	b	R	NSE	VE	R	NSE	VE
1	$y = a + \dfrac{b}{x}$	-2.318	1.133	0.78	0.62	0	0.88	0.69	-0.09
2	$y = a + \dfrac{b}{x^2}$	-0.815	0.213	0.79	0.63	0	0.87	0.68	-0.10
3	$y = a + \dfrac{b}{x^{1.5}}$	-1.316	0.463	0.79	0.62	0	0.87	0.68	-0.09

编号	公式	参数值		率定数据			验证数据		
		a	b	R	NSE	VE	R	NSE	VE
4	$y = a + b\dfrac{\ln x}{x}$	-0.798	-0.573	0.79	0.62	0	0.87	0.67	-0.10
5	$y = a + b(\ln x)^2$	-0.78	1.543	0.78	0.62	0	0.87	0.67	-0.10

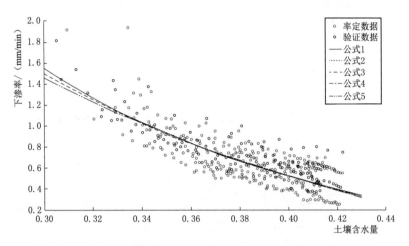

图 3-4　基于两参数简单公式的下渗率—土壤含水量关系拟合结果

用式（3-1）对各实验场次分别进行拟合，拟合效果见表 3-3 和图 3-5，相关系数和效率系数基本均高于 0.7，体积误差接近 0。拟合结果见图 3-6，各场次的拟合结果均比较理想，能够比较好地描述下渗率—土壤含水量变化过程，但拟合曲线较实测数据更加线性，不能很好地刻画下渗率随土壤含水量变化的非线性特性。

表 3-3　　　　　　　　　　　　各 场 次 拟 合 效 果

场次	R	NSE	VE	场次	R	NSE	VE
1	0.94	0.87	0	13	0.99	0.98	0
2	0.83	0.69	0	14	0.93	0.86	0
3	0.98	0.96	0	15	0.95	0.91	0
4	0.82	0.68	0	16	0.95	0.91	0
5	0.97	0.94	0	17	0.91	0.82	0
6	0.96	0.93	0	18	0.90	0.81	0
7	0.96	0.92	0	19	0.97	0.93	0
8	0.97	0.95	0	20	0.99	0.99	0
9	0.98	0.96	0	21	0.98	0.96	0
10	0.98	0.97	0	22	0.94	0.87	0
11	0.87	0.76	0	23	0.82	0.68	0
12	0.97	0.95	0	24	0.95	0.90	0

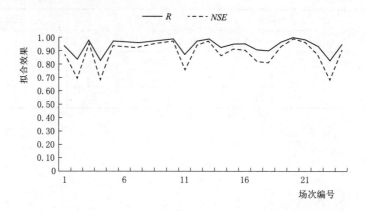

图 3-5　基于两参数简单公式的下渗率—土壤含水量关系拟合效果

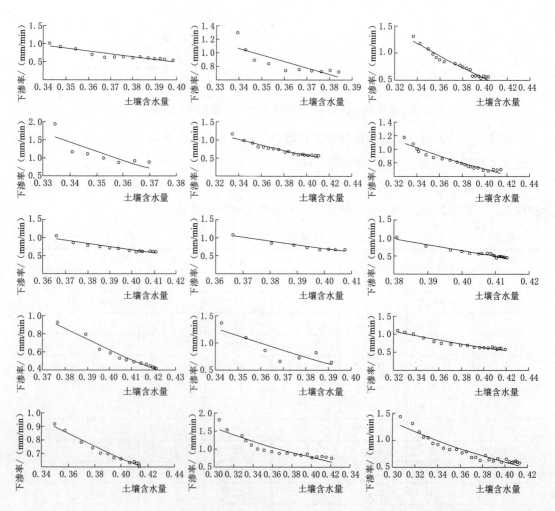

图 3-6（一）　基于两参数简单公式的各场次下渗率—土壤含水量关系拟合结果

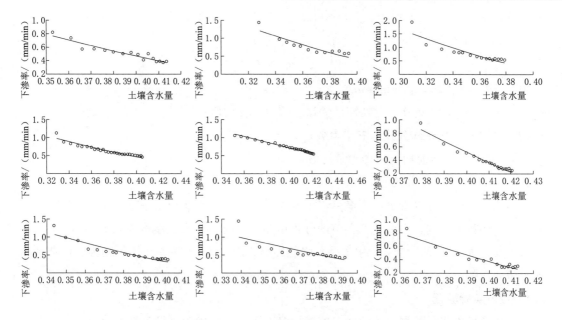

图 3-6（二）　基于两参数简单公式的各场次下渗率—土壤含水量关系拟合结果

3.1.2　基于 Horton 公式的 f—θ 关系推导与检验

3.1.2.1　理论推导

Horton 公式是水文学中最著名的经验下渗公式，自提出以来得到了广泛的应用与发展（Philip，1957；Bauer，1974；Zhenghui 等，2003）。基于 Horton 公式与水量平衡，对一维降雨入渗条件下的下渗率—土壤含水量关系进行推导。Horton 通过实验数据分析，发现降雨入渗过程中土壤下渗能力随时间呈指数变化，见式（1-1）。

对式（1-1）积分得到累积下渗量 F（t）的表达式为

$$F(t)=\int_0^t\left[f_c+(f_0-f_c)\mathrm{e}^{-kt}\right]\mathrm{d}t=f_c\cdot t+\frac{f_0-f_c}{k}(1-\mathrm{e}^{-kt}) \qquad (3-2)$$

设下渗的最大可能影响深度（表层土壤深度）为 h，单位为 mm，定义表层土壤为地表至 h 深度范围内的土壤；初始时刻表层土壤含水量均值为 θ_0；t 时刻表层土壤含水量均值为 $\theta(t)$。根据水量平衡，累计入渗量与表层土壤含水量的变化量相等，即

$$\left[\theta(t)-\theta_0\right]h=F(t)=f_c\cdot t+\frac{f_0-f_c}{k}(1-\mathrm{e}^{-kt}) \qquad (3-3)$$

对式（1-1）变换形式为

$$t(f)=-\frac{1}{k}\ln\frac{f-f_c}{f_0-f_c} \qquad (3-4)$$

代入式（3-3），得到基于 Horton 公式的下渗率—土壤含水量关系表达式为

$$\theta(f) = \theta_0 + \frac{1}{hk}\left(-f_c \cdot \ln\frac{f-f_c}{f_0-f_c} + f_0 - f\right) \qquad (3-5)$$

式中 f——下渗率，mm/min；

    $\theta(f)$——下渗率为 f 时对应的表层土壤含水量均值；

f_c、f_0 和 k——Horton 公式的三个参数；

    θ_0——表层前期土壤含水量均值；

    h——表层土壤深度，mm。

由式（3-5）可以看出，下渗率与土壤含水量的关系受前期土壤含水量 θ_0 和 Horton 公式 3 个参数的影响。由 2.3.2.3 节的分析可知，对同一下渗土壤类型，f_c 不变。f_0 受前期土壤含水量 θ_0 的影响，k 主要受雨强的影响，因此 f—θ 关系主要受雨强和前期土壤含水量的影响。

3.1.2.2 实验验证

利用各场次实验数据，验证式（3-6）对下渗率—土壤含水量关系的模拟效果。首先用式（3-6）对所有实验场次数据进行拟合，拟合结果见图 3-7，拟合效果较好，率定数据的相关系数 R 为 0.77，效率系数 NSE 为 0.6，体积误差 VE 接近 0；验证数据的 R 为 0.85，NSE 为 0.6，VE 接近 0。

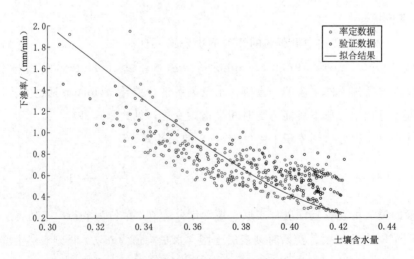

图 3-7 基于 Horton 公式的下渗率—土壤含水量关系拟合结果

用式（3-6）对各实验场次分别进行拟合，拟合效果见表 3-4 和图 3-8，相关系数和效率系数基本均在 0.9 左右，体积误差接近 0。拟合结果见图 3-9，拟合结果比较理想，优于两参数倒数线性公式［式（3-1）］，且对下渗率和土壤含水量间的非线性变化过程描述得更为准确。

表 3-4			基于 Horton 公式的各场次拟合效果				
场次	R	NSE	VE	场次	R	NSE	VE
1	0.97	0.94	0	13	0.99	0.99	0
2	0.92	0.84	0	14	0.97	0.95	0
3	0.98	0.96	0	15	0.98	0.95	0
4	0.94	0.89	0	16	0.94	0.89	0
5	0.99	0.98	0	17	0.95	0.91	0
6	0.98	0.96	0	18	0.95	0.91	0
7	0.98	0.96	0	19	0.98	0.97	0
8	0.98	0.95	0	20	0.98	0.96	0
9	0.98	0.96	0	21	0.99	0.98	0
10	0.99	0.99	0	22	0.98	0.96	0
11	0.85	0.73	0	23	0.92	0.85	0
12	0.98	0.96	0	24	0.96	0.93	0

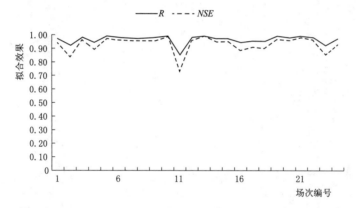

图 3-8 基于 Horton 公式的下渗率—土壤含水量关系拟合效果

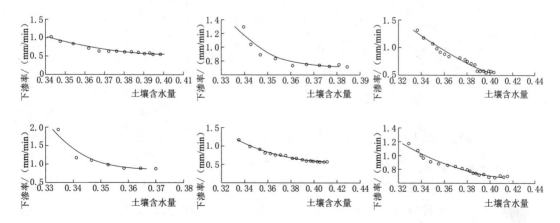

图 3-9（一） 基于 Horton 公式的各场次下渗率—土壤含水量关系拟合结果

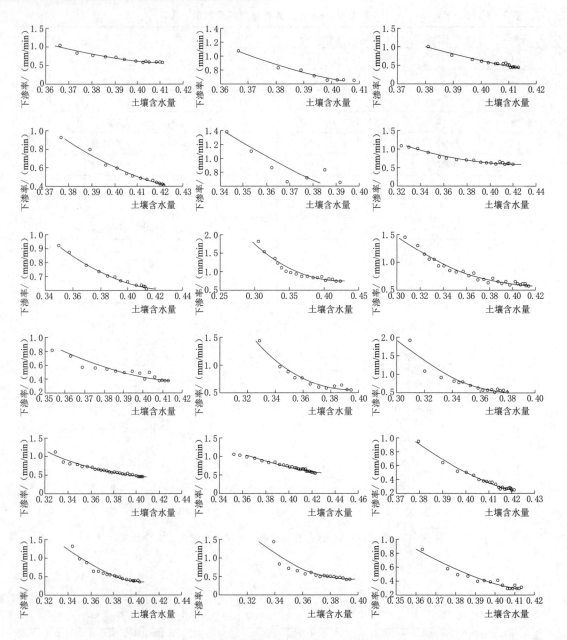

图 3-9（二） 基于 Horton 公式的各场次下渗率—土壤含水量关系拟合结果

　　分析率定得到的 Horton 公式 3 个参数值的分布规律，以验证式（3-6）的准确性。各场次率定得到的 3 个参数值（f_0、f_c 和 k）见表 3-5。拟合得到的参数值的差异，是由各场次实验条件（雨强和前期土壤含水量）的不同造成的。雨强和开始产流时刻土壤含水量对 3 个参数的影响见图 3-10，可以看出，3 个参数主要受前期土壤含水量的影响，其中 f_0 和 f_c 与前期土壤含水量的幂函数关系明显。f_0 为初始下渗率，主要由前期土壤含水量决定，随着前期土壤含水量的增加，初始下渗率在减少。f_c 为稳渗率，随着前期土壤含水量的增加，下渗率会更快地趋近于稳渗率，故参数 f_c 的取值会更低。

表 3-5　　　　　　　　　　　　各 场 次 参 数 值

场次	f_0	f_c	k	场次	f_0	f_c	k
1	0.99	0.52	0.16	13	0.95	0.56	0.10
2	1.21	0.70	0.38	14	1.65	0.72	0.14
3	1.27	0.36	0.10	15	1.39	0.54	0.11
4	1.64	0.87	0.73	16	0.91	0.31	0.10
5	1.16	0.51	0.13	17	1.36	0.53	0.21
6	1.14	0.62	0.10	18	1.63	0.47	0.20
7	1.00	0.51	0.16	19	1.08	0.40	0.10
8	1.07	0.51	0.15	20	1.21	0.44	0.10
9	1.01	0.20	0.12	21	0.98	0.19	0.14
10	0.99	0.33	0.13	22	1.20	0.34	0.16
11	1.35	0.27	0.13	23	1.17	0.40	0.19
12	1.15	0.54	0.10	24	0.86	0.22	0.11

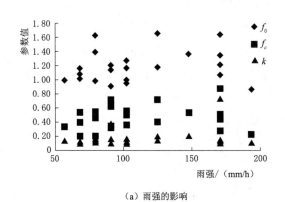

（a）雨强的影响

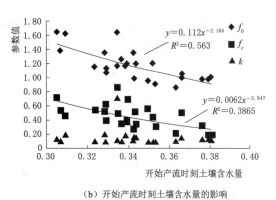

（b）开始产流时刻土壤含水量的影响

图 3-10　雨强和开始产流时刻土壤含水量对 3 个参数的影响

基于式（3-6）可以根据入渗产流过程中的下渗率数据计算得到土壤含水量。分析全部实验场次共 403 个时刻的土壤含水量的计算结果（图 3-11），土壤含水量模拟值与实测值的相关系数为 0.85，效率系数为 0.67，体积误差为 0.01，模拟效果良好，表明式（3-6）可以很好地描述下渗率—土壤含水量关系。

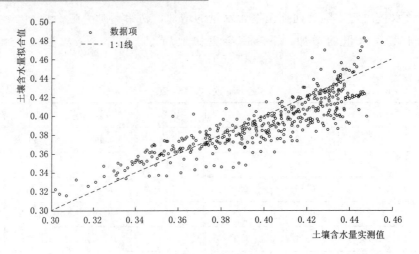

图 3-11　土壤含水量模拟结果

3.1.3　基于 Green-Ampt 模型的 f—θ 关系推导与检验

3.1.3.1　理论推导

Green-Ampt 模型是经典的物理下渗模型,描述初始干燥的土壤在薄层积水条件下的入渗过程,该模型假设入渗时存在明确的水平湿润锋面,湿润锋以上为饱和含水率,湿润锋以下为初始含水率。现基于 Green-Ampt 模型假设,结合达西定律和水量平衡原理,推导产流期下渗率—土壤含水量关系的数学表达式。

取地表为坐标原点,竖直向下为正方向,设地表的积水深度为 H,且不随时间改变,湿润锋的位置为 z_f,湿润锋处的土壤水吸力为 h_f,则地表水势为 H,湿润锋面处总水势为 $-(h_f+z_f)$,由达西定律可以得到地表进入土壤的通量,即地表的入渗率 $f(t)$ 为

$$f(t)=K_s\frac{z_f(t)+h_f+H}{z_f(t)} \tag{3-6}$$

式中　K_s——饱和导水率;

t——入渗时刻。

根据模型假设,结合水量平衡原理,可得出累积入渗量 $F(t)$ 和湿润锋 $z_f(t)$ 的关系为

$$F(t)=(\theta_s-\theta_0)\cdot z_f(t) \tag{3-7}$$

式中　θ_s、θ_0——饱和土壤含水量和前期土壤含水量。

由累积入渗量和入渗率的关系可得

$$f(t)=\frac{\mathrm{d}F(t)}{\mathrm{d}t}=(\theta_s-\theta_0)\cdot\frac{\mathrm{d}z_f(t)}{\mathrm{d}t} \tag{3-8}$$

把式（3-8）代入式（3-6）后积分，且 $z_f(0)=0$，得到

$$t = \frac{\theta_s - \theta_0}{K_s}\left[z_f - (h_f + H) \cdot \ln\frac{z_f + h_f + H}{h_f + H}\right] \qquad (3-9)$$

设表层土深为 h，该深度至地表的土壤含水量均值为 $\theta(t)$，根据 Green - Ampt 模型假设，可用 h 和 $\theta(t)$ 表示湿润锋位置 $z_f(t)$ 如下：

深度为 h 的土层土壤达到饱和的时间（t_a）为

$$t_a = \frac{\theta_s - \theta_0}{K_s}\left[h_1 - (h_f + H) \cdot \ln\frac{h + h_f + H}{h_1}\right] \qquad (3-10)$$

故根据 t_a，可以表示出 $0 \sim h$ 深度土层的土壤平均含水量，h_1 表示第一层土壤深度，$\theta(t)$ 的计算公式为

$$\theta(t) = \begin{cases} \dfrac{z_f(t)\theta_s + \theta_0[h - z_f(t)]}{h} & ,t < t_a \\ \theta_s & ,t \geq t_a \end{cases} \qquad (3-11)$$

在 $t < t_a$ 时，$z_f(t)$ 的计算公式为

$$z_f(t) = \frac{h}{\theta_s - \theta_0}[\theta(t) - \theta_0] \qquad (3-12)$$

代入式（3-6），得到

$$f(t) = K_s + \frac{1}{\theta(t) - \theta_0}\frac{K_s(\theta_s - \theta_0)(h_f + H)}{h} \qquad (3-13)$$

参数分类合并后，得到入渗产流过程中 f—θ 关系的表达式为

$$f = K_s + \frac{M}{\theta - \theta_0} \qquad (3-14)$$

其中

$$M = \frac{K_s(\theta_s - \theta_0)(h_f + H)}{h} \qquad (3-15)$$

由于人工降雨实验中土体表面积水水势 H 较小可以忽略，即 $h_f + H \approx h_f$，故得到

$$M = \frac{K_s h_f(\theta_s - \theta_0)}{h} \qquad (3-16)$$

3. 1. 3. 2　实验验证

利用各场次实验数据，验证式（3-15）对下渗率—土壤含水量关系的模拟效果。首先用式（3-14）对所有实验场次数据进行拟合，拟合结果见图 3-12，拟合效果较好，率定数据的相关系数 R 为 0.8，效率系数 NSE 为 0.65，体积误差 VE 接近 0；验证数据的 R 为 0.87，NSE 为 0.65，VE 为 -0.06。

用式（3-14）对各实验场次分别进行拟合，拟合效果见表 3-6 和图 3-13，相关系数和效率系数基本均在 0.9 以上，体积误差接近 0。拟合结果见图 3-14，拟合结果理想，明显优于前 2 个公式 [式（3-1）和式（3-5）]，且参数具有明确的物理意义。

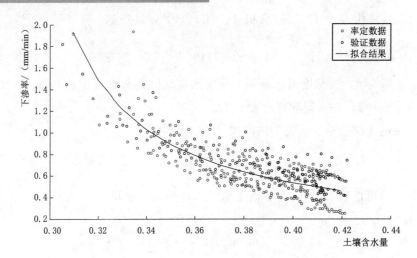

图 3-12　下渗率—土壤含水量关系拟合结果

表 3-6　　　　　　　　　　　各 场 次 拟 合 效 果

场次	R	NSE	VE	场次	R	NSE	VE
1	0.99	0.97	0	13	1.00	1.00	0
2	1.00	0.99	0	14	0.99	0.98	0
3	0.99	0.97	0	15	0.99	0.98	0
4	1.00	0.99	0	16	0.96	0.93	0
5	0.99	0.99	0	17	0.99	0.98	0
6	0.99	0.98	0	18	0.99	0.98	0
7	0.99	0.99	0	19	0.98	0.97	0
8	0.99	0.97	0	20	0.98	0.96	0
9	0.98	0.96	0	21	0.98	0.96	0.01
10	0.98	0.97	0	22	0.99	0.99	0
11	0.94	0.89	0	23	0.99	0.97	0
12	0.99	0.98	0	24	0.99	0.98	0

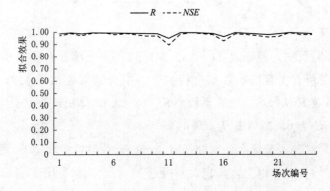

图 3-13　下渗率—土壤含水量关系拟合效果

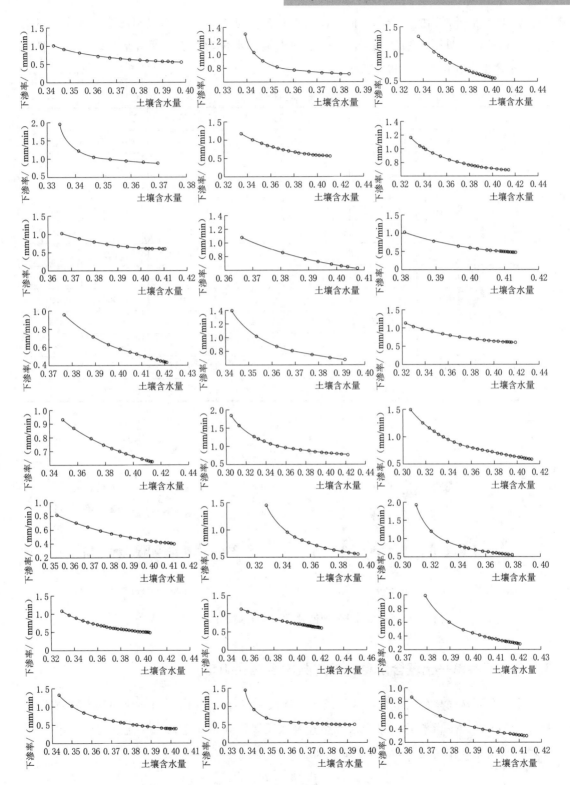

图 3-14 各场次下渗率—土壤含水量关系拟合结果

各场次拟合得到的 3 个参数值（K_s、M 和 θ_0）见表 3 - 7。雨强和前期土壤含水量对 3 个参数的影响见图 3 - 15，参数 θ_0 受前期土壤含水量的控制，两者呈现较好的线性关系，其参数取值满足实际物理意义。

表 3 - 7　　　　　　　　　　各 场 次 参 数 值

场次	K_s	M	θ_0	场次	K_s	M	θ_0
1	0.383	0.013	0.323	13	0.272	0.048	0.277
2	0.653	0.003	0.335	14	0.448	0.045	0.272
3	0	0.064	0.288	15	0.209	0.056	0.263
4	0.775	0.004	0.331	16	0	0.044	0.299
5	0.180	0.046	0.289	17	0.276	0.024	0.308
6	0.477	0.026	0.292	18	0.280	0.022	0.296
7	0.346	0.016	0.342	19	0.105	0.045	0.282
8	0.188	0.036	0.325	20	0	0.088	0.274
9	0	0.027	0.354	21	0	0.016	0.363
10	0	0.036	0.339	22	0.066	0.024	0.325
11	0.417	0.017	0.325	23	0.409	0.004	0.335
12	0.226	0.057	0.261	24	0	0.022	0.338

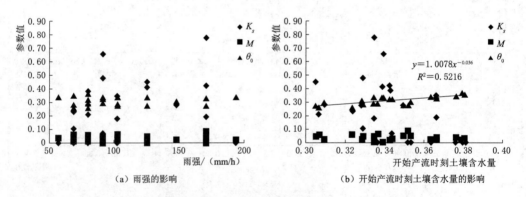

（a）雨强的影响　　　　　　　　　（b）开始产流时刻土壤含水量的影响

图 3 - 15　雨强和开始产流时刻土壤含水量对 3 个参数的影响

3.1.4　下渗率—土壤含水量关系的数学表达式确定

本章分别从简单公式拟合，基于经验下渗模型（Horton 模型）推导和基于物理下渗模型（Green - Ampt 模型）推导这 3 个途径入手，得到了描述入渗产流过程中下渗率—土壤含水量相互作用关系的 3 个公式，即

公式 Ⅰ
$$f = a + \frac{b}{\theta}$$
(3 - 17)

公式 Ⅱ
$$\theta = \theta_0 + \frac{1}{hk}\left(-f_c \cdot \ln\frac{f-f_c}{f_0-f_c} + f_0 - f\right)$$
(3-18)

公式 Ⅲ
$$f = a + \frac{b}{\theta-c}$$
(3-19)

就评价指标而言，3个公式对所有实验场次（共24场）的拟合效果均较好，相关系数分别为0.78、0.80和0.80，效率系数分别为0.62、0.65和0.65，体积误差均接近0。但从拟合结果上看（图3-16），公式Ⅰ和公式Ⅱ描述的下渗率—土壤含水量关系较为线性，不能很好地反映两者之间的非线性变化过程；公式Ⅱ在低含水率时高估下渗率，在高含水量时低估下渗率；公式Ⅲ能够很好地描述下渗率—土壤含水量关系的非线性变化过程，拟合曲线基本位于实测数据区间的中心位置。

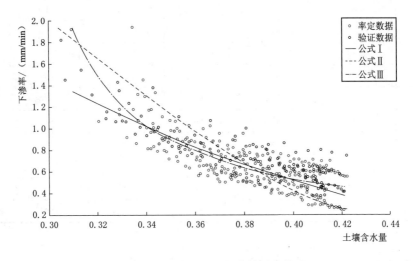

图3-16　3个公式拟合结果比较

用3个公式对各场次实测数据分别进行拟合时，拟合效果见表3-8和图3-17。可以看出公式Ⅰ的拟合效果最差；公式Ⅲ的拟合效果最好，且拟合效果稳定。

表3-8　　　　　　　　　　　　　　　3个公式拟合效果比较

场次	公式Ⅰ		公式Ⅱ		公式Ⅲ	
	R	NSE	R	NSE	R	NSE
1	0.94	0.87	0.97	0.94	0.99	0.97
2	0.83	0.69	0.92	0.84	1.00	0.99
3	0.98	0.96	0.98	0.96	0.99	0.97
4	0.82	0.68	0.94	0.89	1.00	0.99
5	0.97	0.94	0.99	0.98	0.99	0.99
6	0.96	0.93	0.98	0.96	0.99	0.98
7	0.96	0.92	0.98	0.96	0.99	0.99

续表

场次	公式Ⅰ		公式Ⅱ		公式Ⅲ	
	R	NSE	R	NSE	R	NSE
8	0.97	0.95	0.98	0.95	0.99	0.97
9	0.98	0.96	0.98	0.96	0.98	0.96
10	0.98	0.97	0.99	0.99	0.98	0.97
11	0.87	0.76	0.85	0.73	0.94	0.89
12	0.97	0.95	0.98	0.96	0.99	0.98
13	0.99	0.98	0.99	0.99	1.00	1.00
14	0.93	0.86	0.97	0.95	0.99	0.98
15	0.95	0.91	0.98	0.95	0.99	0.98
16	0.95	0.91	0.94	0.89	0.96	0.93
17	0.91	0.82	0.95	0.91	0.99	0.98
18	0.90	0.81	0.95	0.91	0.99	0.98
19	0.97	0.93	0.98	0.97	0.98	0.97
20	0.99	0.99	0.98	0.96	0.98	0.96
21	0.98	0.96	0.99	0.98	0.98	0.96
22	0.94	0.87	0.98	0.96	0.99	0.99
23	0.82	0.68	0.92	0.85	0.99	0.97
24	0.95	0.90	0.96	0.93	0.99	0.98

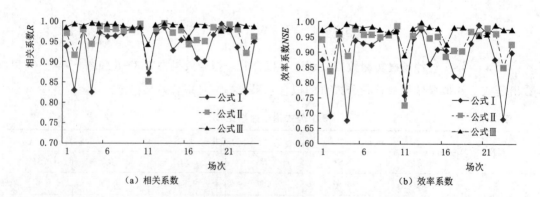

（a）相关系数　　　　　　　　　（b）效率系数

图 3-17　3 个公式拟合效果比较

进一步对比 3 个公式，发现公式Ⅰ和公式Ⅲ结构类似，从函数表达式上，公式Ⅲ只是在分母位置增加了 1 个参数，但模拟效果有明显提升；公式Ⅱ和公式Ⅲ均为 3 个参数，但公式Ⅱ结构复杂，且是隐函数，不能直接得到下渗率的表达式；公式Ⅲ是基于 Green-Ampt 模型假设推导得到的，较公式Ⅰ和公式Ⅱ而言，其物理基础更为明确。综合起来，公式Ⅲ结构简单，参数物理意义明确，其拟合效果优异，可以很好地描述入渗产流过程中的下渗率—土壤含水量关系。命名公式Ⅲ［式（3-19）］为"$f—\theta$公式"。

3.1.5　前期土壤含水量变化对下渗率—土壤含水量关系的影响分析

前期土壤含水量是入渗产流过程的重要初始条件和影响因素，研究其对降雨入渗的影响有助于进一步认识产流机理。由 $f—\theta$ 公式可知，下渗率—土壤含水量关系及下渗率随时间变化过程，受饱和导水率 K_s、饱和土壤含水量 θ_s、前期土壤含水量 θ_0 和湿润锋固定吸力 h_f 等影响。在人工降雨实验条件下，下垫面土体保持不变，饱和导水率 K_s、饱和土壤含水量 θ_s 应为定值，湿润锋固定吸力 h_f 受前期土壤含水量 θ_0 的控制。因此，降雨入渗产流过程仅受前期土壤含水量 θ_0 的影响。

3.1.5.1　实验数据分析

各场次前期土壤含水量的变化范围为 0.3～0.39，按照前期土壤含水量的不同把实验场次划分为三类，分别为低（0.3～0.33）、中（0.33～0.36）和高（0.36～0.39）。分类后的实测下渗率和土壤含水量变化过程见图 3-18，可以看出随着前期土壤含水量的增加，开始产流时刻的下渗率在减少，数据分布向右下方偏移，且下渗率随土壤含水量变化的速率在增加。

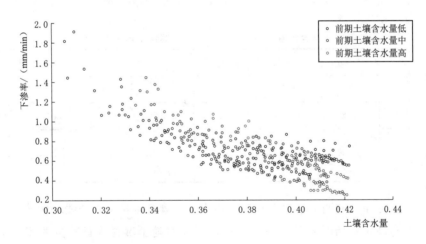

图 3-18　不同前期土壤含水量的下渗率—土壤含水量关系实测数据

利用 $f—\theta$ 公式对三类前期土壤含水量条件下的实验数据分别进行拟合，拟合结果见图 3-19，拟合效果见表 3-9。$f—\theta$ 公式对前期土壤含水量低和中条件下的下渗率—土壤含水量关系拟合效果比较理想，相关系数在 0.8 以上，效率系数在 0.7 左右，体积误差接近 0；对前期土壤含水量高情景下的下渗率—土壤含水量关系拟合效果有所下降，相关系数和效率系数分别为 0.73 和 0.51，但拟合曲线大致能描述下渗率随土壤含水量的变化过程。

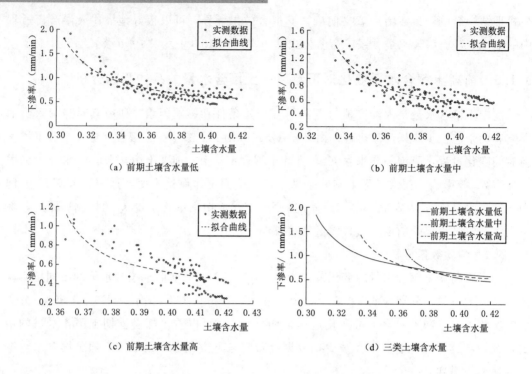

图 3-19 下渗率—土壤含水量关系拟合结果

表 3-9   三类前期土壤含水量条件下的下渗率—土壤含水量关系拟合效果

前期土壤含水量	参 数 值				拟 合 效 果		
	K_s	M	θ_0	h_f	R	NSE	VE
低（0.3~0.33）	0.289	0.039	0.280	158.76	0.89	0.79	0
中（0.33~0.36）	0.281	0.024	0.313	124.69	0.83	0.68	0
高（0.36~0.39）	0.275	0.012	0.349	86.41	0.73	0.51	0.02

由图 3-19 可知，前期土壤含水量对下渗率—土壤含水量关系曲线的影响如下：①前期土壤含水量越高，初始时刻的下渗率越低，下渗率随土壤含水量减少的速率越快，表现为曲线的斜率越大；②前期土壤含水量越高，产流过程结束时所能达到的"相对稳渗率"越低；③不同前期土壤含水量条件的下渗率—土壤含水量关系曲线存在交点，在交点左侧，随着前期土壤含水量的增加，下渗过程中相同土壤含水量状态对应的下渗率也在增加，在交点右侧存在大致相反的规律。

根据式（3-15），由参数 K_s、M 和 θ_0 可以计算得到湿润锋固定吸力 h_f，计算公式为

$$h_f = \frac{Mh}{K_s(\theta_s - \theta_0)} \qquad (3-20)$$

拟合得到的参数和 h_f 见表 3-9，分析各参数值与前期土壤含水量的关系（图 3-20）。随着前期土壤含水量的增加，饱和导水率和湿润锋固定吸力在减少，拟合得到的参数 θ_0 也在增加，上述变化规律基本符合各参数的物理意义。值得注意的是，在保持土体结构不变的条件下，理论上的饱和导水率是不变的（类似于 Horton 下渗理论中的稳渗率），但实际实验过程中时间有限，土壤含水量最终未达到饱和（下渗率未完全稳定），故拟合得到的饱和导水率随前期土壤含水量的增加而微弱减少（减少幅度＜0.02mm/min），可以理解为"相对饱和导水率"（或"相对稳渗率"）。

前期土壤含水量影响 $f-\theta$ 关系，进而改变下渗率随时间变化过程。对三类前期土壤含水量条件对应的下渗过程实验数据进行分析（图 3-20）。随着前期土壤含水量的增加，下渗过程线大致表现出向下平移的规律，开始产流时刻的初始下渗率在减少，下渗过程最终所能达到的"相对稳渗率"也更低。比较相邻两种前期土壤含水量条件下在各时刻的下渗率差值（图 3-21），发现下渗率差值随时间呈现非线性减少的规律，并且两条下渗率差值曲线（前期土壤含水量低与中的下渗率差值、前期土壤含水量中与高的下渗率差值）变化规律非常一致，基本重合。这一现象是否为巧合，有待进一步数值模拟结果的检验。对于整个入渗过程（23min，最短数据序列的长度），随着前期土壤含水量由低（0.3~0.33）增加到中（0.33~0.36）再到高（0.36~0.39），累计下渗率分别减少了 3.55mm 和 3.53mm。

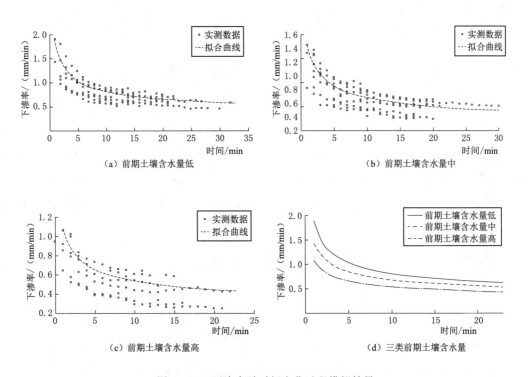

（a）前期土壤含水量低　　　　　　　　（b）前期土壤含水量中

（c）前期土壤含水量高　　　　　　　　（d）三类前期土壤含水量

图 3-20　下渗率随时间变化过程模拟结果

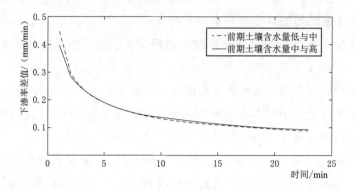

图 3-21　相邻两种前期土壤含水量条件的下渗率差值

3.1.5.2　数值模拟分析

利用 $f—\theta$ 公式对不同前期土壤含水量条件下的下渗率—土壤含水量关系及下渗率随

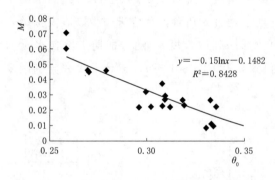

图 3-22　θ_0 和 M 关系

时间变化过程进行数值模拟。参数 K_s 取表 3-9 中拟合得到的 3 个参数值的均值，即 0.28，在 K_s 给定的前提下，利用各场次实测数据进行参数优化，重新得到剩余 2 个参数（M 和 θ_0）。根据式（3-16），M 受 θ_0 的影响，率定得到的参数很好地印证了这一点，两者对数关系良好（图 3-22），R^2 达到 0.8 以上。由 θ_0 计算得到 M 的计算公式为

$$M = -0.15\ln\theta_0 - 0.1482 \qquad (3-21)$$

结合实验条件，前期土壤含水量的变化范围为 0.21～0.35，共考虑 8 种前期土壤含水量情景，相邻情景的前期土壤含水量差值为 0.02，各情景对应的模型参数见表 3-10。在进行数值模拟时，$t=0$ 时的下渗率为 2.5mm/min，Δt 为 1min，模拟的总时间为 40min，模拟结果见图 3-23。

表 3-10　　　　　　　　　　各前期土壤含水量情景的模型参数

情景编号	1	2	3	4	5	6	7	8
K_s	0.281	0.281	0.281	0.281	0.281	0.281	0.281	0.281
M	0.086	0.072	0.060	0.048	0.037	0.027	0.018	0.009
θ_0	0.210	0.230	0.250	0.270	0.290	0.310	0.330	0.350

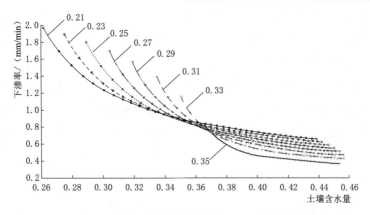

图 3-23　各前期土壤含水量情景的 $f-\theta$ 关系模拟结果

　　对比实验数据分析与数值模拟结果，发现实验数据分析得到的三点规律也可由数值模拟结果反映出。此外，数值模拟结果还反映出以下规律：①前期土壤含水量越高，随着下渗过程的进行，土壤含水量的增速越小；②前期土壤含水量低的情景在下渗结束时所能达到的土壤含水量反而更高；③随着下渗过程的进行，同一时刻各情景之间最高和最低土壤含水量的差值在不断减小，各情景的土壤含水量趋于一致（图 3-24、图 3-25）。

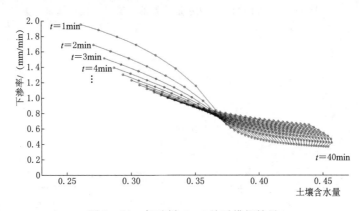

图 3-24　各时刻 $f-\theta$ 关系模拟结果

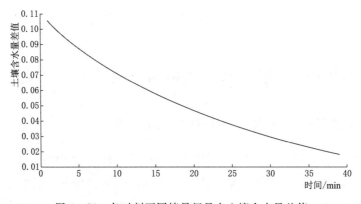

图 3-25　各时刻不同情景间最大土壤含水量差值

各前期土壤含水量情景的下渗率变化过程见图 3-26，随着前期土壤含水量的增加，下渗过程线大致呈现向下平移的规律，初始下渗率在减少，且初始下渗率的减少幅度随前期含水量的增加而增加（例如前期土壤含水量 0.21 和 0.23 对应的初始下渗率差值为 0.07mm/h，而前期土壤含水量 0.33 和 0.35 对应的初始下渗率差值为 0.32 mm/h）；下渗率随时间变化的速率也在减少，表现为下渗过程线更加线性。比较相邻情景的下渗率差值（图 3-27），发现下渗率差值随时间在不断减少，最终稳定在 0.07 左右。

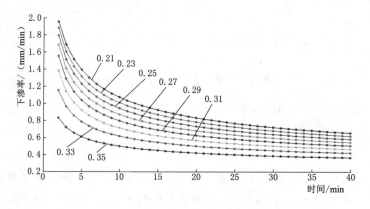

图 3-26　各前期土壤含水量情景的下渗过程模拟结果

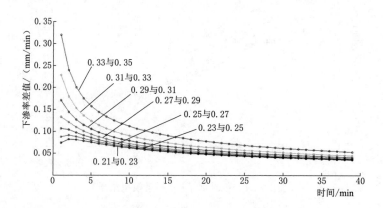

图 3-27　相邻前期土壤含水量情景的下渗率差值随时间变化过程

3.2　基于下渗率—土壤含水量关系的次洪模型构建

3.2.1　基于下渗率—土壤含水量关系的次洪模型

基于下渗率—土壤含水量关系的次洪模型（以下简称 $f-\theta$ 模型）依据超渗产流理论构建，主要基于下渗能力与雨强关系，计算得到下渗率与产流量。计算思路如下：基于 $f-\theta$ 公式计算得到下渗能力曲线，与降雨过程进行比较，雨强大于下渗能力时，形成地表径流,下渗率等于下渗能力,雨强小于下渗能力时,地表不产流,下渗率等于雨强。由于以 $f—\theta$ 公式作为核心计算公式,故 $f—\theta$ 模型假设与推导 $f—\theta$ 公式时的假设一致,即:土壤质地均一,土壤水分运动类似"活塞运动",湿润锋以上为饱和土壤含水量,湿润锋以下为前期土壤含水量。模型输入主要为降水数据 P,模型输出包括地表径流 Q、下渗率 f、土壤含水量 θ 和下渗能力 F 变化过程。

在开始产流时刻,下渗率与雨强相等,公式为

$$\begin{cases} f(1) = P(1) \\ \theta(1) = \theta_0 + \dfrac{M}{f(1) - K_s} \end{cases} \tag{3-22}$$

开始产流后,依据水量平衡计算得到土壤含水量,代入 $f—\theta$ 公式计算下渗能力,基于下渗能力与雨强关系确定实际下渗率,计算公式为

$$\begin{cases} \theta(t) = \theta(t-1) + \dfrac{f(t-1)}{h} \\ \theta(t) = \min[\theta(t), \theta_s] \end{cases} \tag{3-23}$$

$$\begin{cases} F(t) = K_s + \dfrac{M}{\theta(t) - \theta_0} \\ f(t) = \min[F(t), P(t)] \end{cases} \tag{3-24}$$

$$Q(t) = P(t) - f(t) \tag{3-25}$$

其中

$$M = \frac{K_s h_f (\theta_s - \theta_0)}{h} \tag{3-26}$$

式中　　M——土壤特征参数;

K_s——饱和导水率,mm/min 或 mm/h,也可以理解为稳渗率;

h_f——湿润锋处的土壤水吸力,mm;

θ_s、θ_0——饱和土壤含水量和前期土壤含水量;

h——下渗最大可能影响深度,mm;

min——两个变量中较小的一个。

$f—\theta$ 模型计算流程见图 3-28。

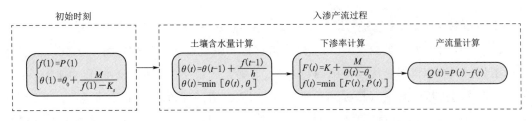

图 3-28　$f—\theta$ 模型计算流程图

$f—\theta$ 产流模型是基于人工降雨入渗实验数据提出的，实验条件下的雨强恒定，随着降雨过程的进行，下渗能力不断减少，当下渗能力减少到与雨强相等时，开始产生地表径流，因此初始下渗率等于初始时刻降雨强度 [式 (3-22)]。但在流域次洪模拟中，雨强变异性突出，实测数据初始时刻的下渗率与雨强的关系并不确定：可能初始时刻处于初损阶段，雨强未能满足下渗能力，实际下渗率与雨强相等，没有地表径流产生；或者已经产生地表径流，下渗能力小于雨强，雨强与下渗能力（下渗率）的差值即为产流量。为了解决这一问题，在 $f—\theta$ 模型应用于流域次洪模拟时，引入新的参数 F_0（初始下渗能力），改进后的模型在初始时刻的计算公式为

$$
\begin{cases}
f(1) = \min[F_0, P(1)] \\[2mm]
\theta(1) = \theta_0 + \dfrac{M}{f(1) - K_s}
\end{cases}
\tag{3-27}
$$

式中参数意义同前。

把 $f—\theta$ 产流模型应用于流域次洪模拟中时，需增加汇流演算的部分。汇流计算采用马斯京根法，其基本方程为

$$
Q_{\text{out},2} = C_1 Q_{\text{in},2} + (1 - C_1 - C_2) Q_{\text{in},1} + C_2 Q_{\text{out},1}
\tag{3-28}
$$

其中

$$
C_1 = \frac{\Delta t - 2KX}{2K(1-X) + \Delta t}, \quad C_2 = \frac{2K(1-X) - \Delta t}{2K(1-X) + \Delta t}
\tag{3-29}
$$

式中　$Q_{\text{in},1}$、$Q_{\text{in},2}$——时段初和时段末的入流量，m^3/h；

　　　$Q_{\text{out},1}$、$Q_{\text{out},2}$——时段初和时段末的出流量，m^3/h；

　　　　　C_1、C_2——马斯京根模型系数；

　　　　　　　K——蓄量常数；

　　　　　　　X——流量比重因子；

　　　　　　Δt——计算时间步长。

3.2.2　模型参数率定

模型参数包括 $f—\theta$ 产流模型的 4 个参数（K_s、M、θ_0、F_0），以及汇流模块中的 2 个参数（C_1、C_2），2 个常量参数（θ_s、h）。结合数据资料情况及模拟目的，可以选取以下三种目标函数：下渗率模拟最优（目标函数 I）；土壤含水量模拟最优（目标函数 II）；综合考虑下渗率与土壤含水量（目标函数 III）。在选取合适的评价指标及目标函数的基础上，采用蒙特·卡罗（Monte Carlo）方法进行参数优化。取模拟效果最优的多组参数（例如10 组），可以得到多组参数对应的下渗率及土壤含水量模拟值区间，并进一步分析参数取

值的合理性及敏感性。

在模型率定和验证过程中，模拟结果的评价主要依据效率系数 NSE，相关系数 R 和体积误差 VE 三种评价指标。

1. 效率系数

效率系数 NSE 也称为确定性系数，可以较为直观、综合地反映模拟和实测序列拟合程度的好坏，主要反映高值部分的拟合情况，效率系数越大，表明模拟和实测的流量过程拟合得越好，模拟精度越高。效率系数公式为

$$NSE = 1 - \frac{\sum (Q_{obs,i} - Q_{sim,i})^2}{\sum (Q_{obs,i} - Q_{obs})^2} \qquad (3-30)$$

式中　Q_{obs}、Q_{sim}——实测和模拟的径流量，m^3/s。

2. 相关系数

相关系数 R 评价实测与模拟流量过程线的相关性，相关系数越大，实测与模拟流量过程线相关性越好。相关系数公式为

$$R^2 = \frac{\left[\sum (Q_{obs,i} - \overline{Q_{obs}}) \sum (Q_{sim,i} - \overline{Q_{sim}}) \right]^2}{\sum (Q_{obs,i} - \overline{Q_{obs}})^2 \sum (Q_{sim,i} - \overline{Q_{sim}})^2} \qquad (3-31)$$

式中符号意义同前。

3. 体积误差

体积误差 VE 主要评价水量是否平衡，一般 VE 不超过 $\pm 10\%$，则认为模型水量基本平衡，模型基本实用。体积误差公式为

$$VE = \frac{\overline{Q_{sim}} - \overline{Q_{obs}}}{\overline{Q_{obs}}} \times 100\% \qquad (3-32)$$

式中符号意义同前。

3.2.3　模型验证

利用 24 场室内人工降雨入渗实验数据对 f—θ 模型进行验证，各场次信息见表 3-1。结合实验条件，饱和土壤含水量 θ_s 取 0.45，下渗最大可能影响深度 h 取 200mm。实验数据包括各场次的降雨、下渗率以及地表至 h 深度范围内土壤含水量均值的变化过程。

3.2.3.1　目标函数的确定

模型参数率定时，目标函数选择很大程度上会影响最终模拟效果与参数取值的合理性。室内实验数据包括下渗率变化过程和土壤含水量变化过程，满足 3.2.2 节中的三种不同目标函数的计算需求。故分析三种目标函数对降雨入渗过程模拟效果及参数稳定性的

影响，并最终确定最优目标函数。在各目标函数条件下，取各场次模拟效果最优的 10 组参数进行分析。

首先对参数 K_s 进行研究。各场次实验可以观测得到实测稳渗率，以实测稳渗率为基准，比较通过三种目标函数率定得到的参数 K_s 的准确性及稳定性。实测稳渗率及参数 K_s 误差棒图见图 3-29，目标函数 I 得到的 K_s 的误差范围最小，目标函数 III 得到的 K_s 的误差范围居中，目标函数 II 到的 K_s 的误差范围最大；同时，三种目标函数得到的稳渗率均低于实测值，但变化趋势一致，其中目标函数 III 得到的稳渗率与实测稳渗率的相关系数最高，达到 0.75（表 3-11）。

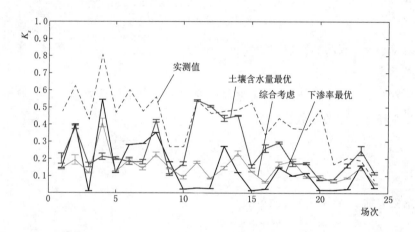

图 3-29　实测稳渗率及参数 K_s 误差棒图

表 3-11　　　　　　　　　不同目标函数的参数率定结果

函数种类	与实测 K_s 相关系数	与实测 θ_0 相关系数	下渗率模拟效率系数	土壤含水量模拟效率系数
目标函数 I	0.64	−0.16	0.97	0.07
目标函数 II	0.41	0.57	0.28	0.94
目标函数 III	0.75	0.87	0.90	0.80

三种目标函数率定得到的各场次参数 M 误差棒图见图 3-30，目标函数 I 和目标函数 III 得到的参数 M 的误差范围均较小，且参数取值的变化较为一致。

各场次的实测前期土壤含水量及参数 θ_0 误差棒图见图 3-31，目标函数 III 得到的 θ_0 的误差范围最小，目标函数 I 得到的 θ_0 的误差范围居中，目标函数 II 到的 θ_0 的误差范围最大；目标函数 III 得到的 θ_0 与实测前期土壤含水量最为接近，两者的相关系数达到 0.87。

比较三个参数的分析结果，目标函数 III 可以得到更加稳定和准确的参数组，且拟合得到的参数更接近实测值，目标函数 I 次之，目标函数 II 最差。不同目标函数对实测下

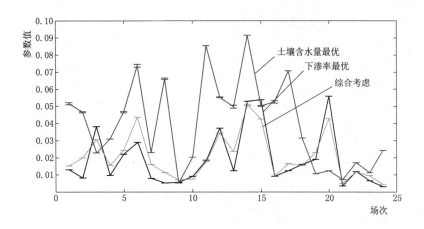

图 3-30　参数 M 误差棒图

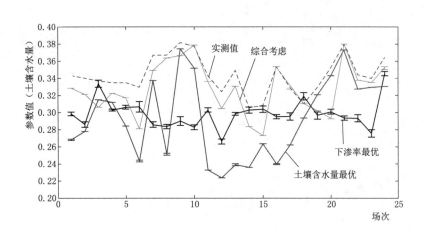

图 3-31　实测前期土壤含水量及参数 θ_0 误差棒图

渗率和土壤含水量变化过程的模拟效果见表 3-11、图 3-32 和图 3-33。以单一变量最优为目标函数时（目标函数Ⅰ和目标函数Ⅱ），率定得到的模型参数不能很好地用于模拟另一变量；当参数兼顾下渗率与土壤含水量模拟效果时（目标函数Ⅲ），率定得到的参数组可以很好地模拟 2 个变量的变化过程，且对大多数场次而言，对单一变量的模拟精度较前两种目标函数仅有少量降低，下渗率和土壤含水量模拟的 NSE 均值分别减少 0.07 和 0.14。

　　综合来看，在实测数据完备的前提下，通过目标函数Ⅲ可以率定得到准确、稳定且模拟效果较好的模型参数。而对于大多数情况（例如实际流域）而言，很难获取详细的实测土壤含水量数据，故只能选用目标函数Ⅰ进行参数率定，这会少量降低模型参数的准确性和稳定性，但对模拟效果并不会有太大影响。

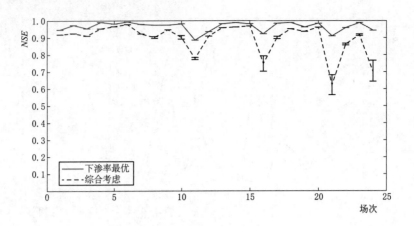

图 3-32　下渗率模拟效果误差棒图

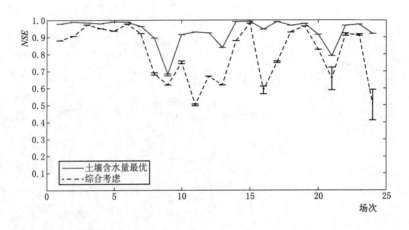

图 3-33　土壤含水量模拟效果误差棒图

3.2.3.2　模拟结果

以综合考虑下渗率与土壤含水量最优（目标函数Ⅲ）作为目标函数，对各场次的下渗率与土壤含水量变化过程进行模拟。选取模拟效果最优的 10 组参数分别进行模拟，统计分析所有模拟值的最低值（下限）、最高值（上限）和均值，并与实测序列进行比较。由图 3-34 可以看出，下渗率实测数据基本均位于下渗率模拟值区间范围内，且模拟下渗率的均值可以很好地反映实测下渗率的变化过程。对于实测数据波动较小的实验场次，模拟下渗率区间也较小；对于实测数据波动较大的实验场次，模拟下渗率区间会有所增大。各场次下渗率模拟的 NSE、R 和 VE 的均值分别为 0.94、0.99 和 0.03（表 3-12）。

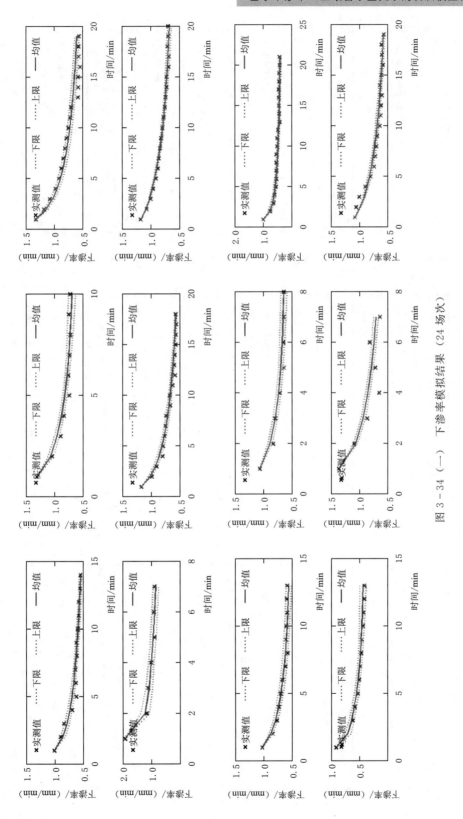

图 3-34 （一） 下渗率模拟结果（24 场次）

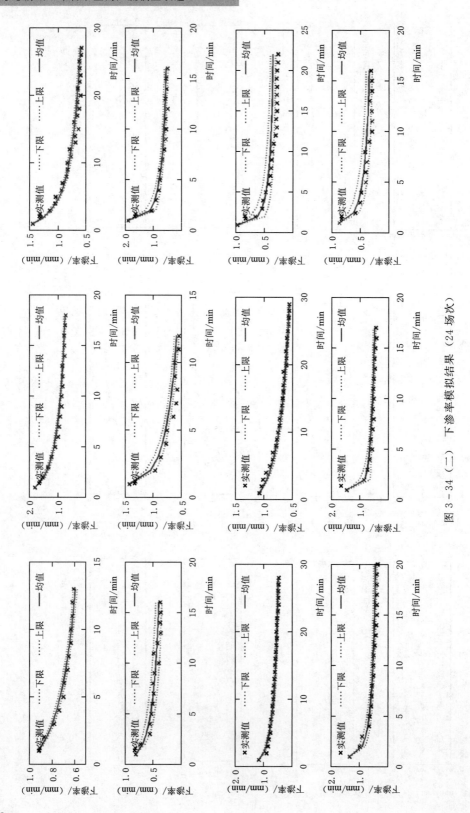

图 3-34 (二) 下渗率模拟结果 (24 场次)

表 3 - 12 下渗率和土壤含水量模拟效果

场次	下 渗 率			土 壤 含 水 量		
	NSE	R	VE	NSE	R	VE
均值	0.94	0.99	0.03	0.86	0.98	0
1	0.94	0.97	0.01	0.95	0.99	0
2	0.95	0.98	0.02	0.95	0.99	0
3	0.94	0.98	0.01	0.99	0.99	0
4	0.99	1.00	0	0.98	0.99	0
5	0.97	0.99	0.02	0.97	1.00	0
6	0.99	1.00	0.01	0.99	1.00	0
7	0.97	0.99	0.01	0.97	0.99	0
8	0.95	0.99	0.03	0.86	0.98	0
9	0.98	0.99	−0.01	0.52	0.89	0
10	0.95	0.99	0.02	0.91	0.97	0
11	0.80	0.95	0.05	0.83	1.00	0
12	0.92	0.98	0.01	0.87	0.99	0
13	0.97	0.99	0.01	0.84	0.98	0
14	0.97	0.99	0.03	0.94	1.00	0
15	0.97	0.99	0.01	0.99	1.00	0
16	0.90	0.97	0.03	0.86	0.99	0
17	0.92	0.99	0.07	0.89	1.00	0
18	0.97	1.00	0.06	0.96	0.99	0
19	0.96	0.98	0.01	0.98	1.00	0
20	0.98	1.00	−0.02	0.65	0.96	0
21	0.76	0.98	0.14	0.86	0.94	0
22	0.92	0.98	0.05	0.97	0.99	0
23	0.96	0.99	0.06	0.98	1.00	0
24	0.85	0.99	0.11	0	0.98	−0.13

由图 3 - 35 可以看出，土壤含水量的模拟结果与下渗率的模拟结果类似，仅有个别场次数据模拟结果不够理想。各场次土壤含水量模拟的 NSE、R 和 VE 均值分别为 0.86、0.98 和 0（表 3 - 12）。综上所述，$f—\theta$ 模型能够较好地模拟室内人工降雨实验中的下渗率和土壤含水量变化过程。

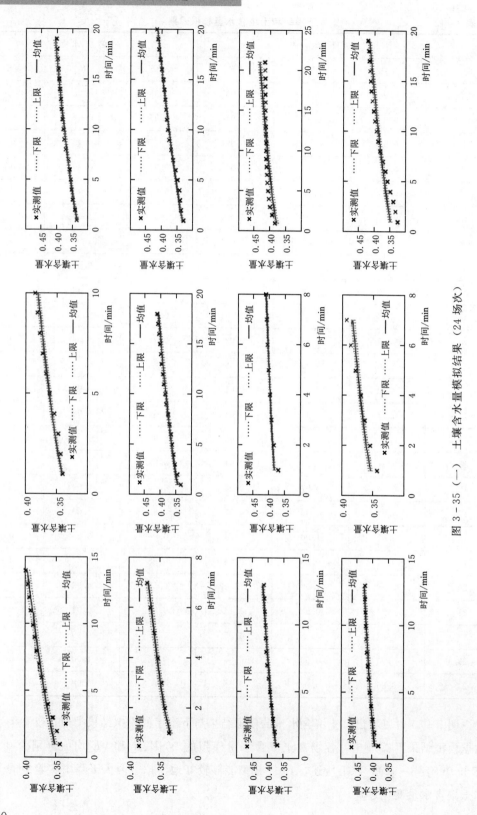

图 3-35（一） 土壤含水量模拟结果（24 场次）

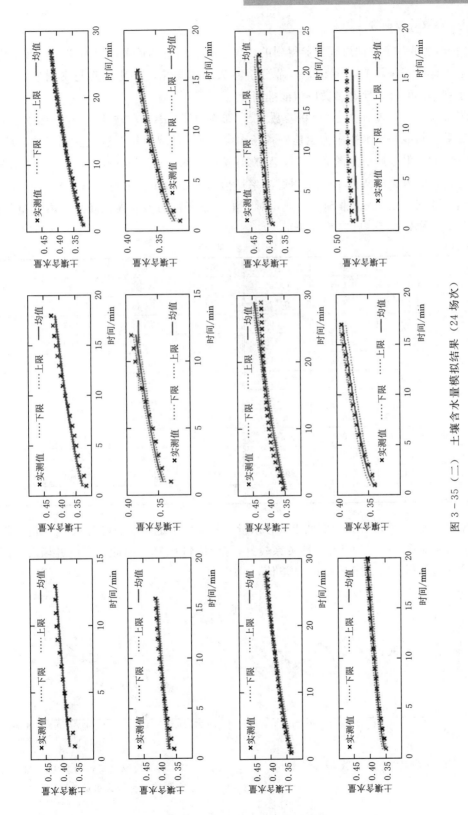

图 3-35（二）土壤含水量模拟结果（24 场次）

3.2.3.3 参数规律研究

$f—\theta$ 模型是基于物理过程推导得到的，各参数值均有明确的物理意义，且在室内实验条件下，这些变量均有实测值。本节分析参数取值规律，并比较其与实测值的关系，以验证模型结构的合理性和参数取值的准确性。

各场次参数值见表 3-13。分析参数 K_s，即饱和导水率（稳渗率）。在土体下垫面不变的情况下，其饱和导水率应为定值。各场次参数 K_s 的取值符合这一客观规律，K_s 在其均值（0.32）附近波动（图 3-36），且波动范围较小（方差为 0.06）。而由 2.3.1.3 节的分析可知，室内试验条件下的实测稳渗率均值为 35mm/h。实测值与参数取值非常近似，说明参数 K_s 取值较为准确。因此，对于第 2 章所述的室内人工降雨入渗实验条件，模型参数 K_s 无需率定，可取定值（0.32）。

表 3-13
各 场 次 参 数 值

场次	K_s	M	θ_0	场次	K_s	M	θ_0
1	0.316	0.015	0.329	13	0.317	0.024	0.330
2	0.355	0.020	0.321	14	0.386	0.051	0.283
3	0.296	0.031	0.306	15	0.301	0.043	0.273
4	0.529	0.016	0.322	16	0.252	0.009	0.353
5	0.301	0.024	0.317	17	0.335	0.017	0.327
6	0.355	0.044	0.281	18	0.350	0.015	0.310
7	0.315	0.016	0.349	19	0.275	0.023	0.302
8	0.380	0.011	0.363	20	0.279	0.043	0.292
9	0.315	0.007	0.366	21	0.252	0.005	0.379
10	0.274	0.008	0.378	22	0.271	0.012	0.337
11	0.345	0.018	0.336	23	0.319	0.010	0.335
12	0.270	0.034	0.305	24	0.243	0.004	0.351

模型参数 θ_0 的物理意义为前期土壤含水量，各场次率定得到的参数 θ_0 与实测前期土壤含水量关系见图 3-37，两者线性关系较好，R^2 达到 0.75。因此，可由各场次实测前期土壤含水量数据直接确定参数 θ_0 的取值。

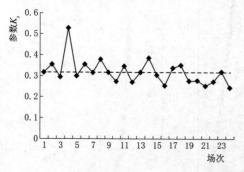

图 3-36 各场次参数 K_s 值

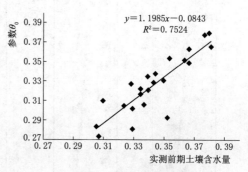

图 3-37 各场次率定得到的参数 θ_0 与实测前期土壤含水量关系

由式（3-24）可知，参数 M 由饱和导水率 K_s、湿润锋处的土壤水吸力 h_f、饱和土壤含水量 θ_s、产流期前期土壤含水量 θ_0，以及下渗最大可能影响深度 h 计算得到。在土体下垫面不变的情况下，只有湿润锋处的土壤水吸力 h_f 和前期土壤含水量 θ_0 随各场次实验条件（雨强和前期土壤含水量）发生变化，并且湿润锋处的土壤水吸力 h_f 受前期土壤含水量 θ_0 的控制，$h_f \sim f(\theta_0)$，故参数 M 与参数 θ_0 关系密切。图 3-38 很好地印证了这一点，参数 M 与参数 θ_0 幂函数关系明显，R^2 高达 0.81。因此，参数 M 可由参数 θ_0 推求，进而由实测前期土壤含水量直接确定（图 3-38 和图 3-39）。

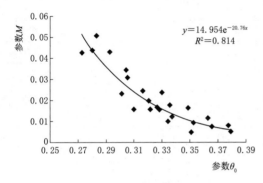 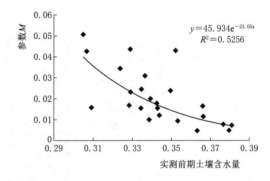

图 3-38　参数 M 与参数 θ_0 的关系　　　图 3-39　参数 M 与实测前期土壤含水量的关系

3.2.3.4　模型确定性模拟预报方案

由前一节的分析可知，在率定得到参数 K_s 均值、参数 M 与实测前期土壤含水量关系曲线、参数 θ_0 与实测前期土壤含水量关系曲线的基础上，$f\!-\!\theta$ 模型可以根据实测前期土壤含水量数据确定 3 个模型参数值（K_s、M、θ_0），不需使用实测下渗过程的数据率定，直接进行下渗率与土壤含水量的模拟。因此提出 $f\!-\!\theta$ 确定性模拟预报方案。

在 24 场实验数据中任选 14 场作为率定数据，剩余 10 场作为验证数据。参数 K_s 取其均值 0.32。利用各场次下渗过程线，对率定场次实验数据进行参数优化，得到这 14 场数据的参数 M 与实测前期土壤含水量关系曲线、参数 θ_0 与实测前期土壤含水量关系曲线。基于上述两条关系曲线，计算得到剩余 10 场验证场次实测前期土壤含水量对应的参数 M 与参数 θ_0 值，代入 $f\!-\!\theta$ 模型，验证其模拟效果。

14 场率定场次的参数值及模拟效果见表 3-14。下渗率模拟的 NSE 大都在 0.9 以上，R 在 0.98 左右，VE 接近 0，整体结果比较理想（图 3-40）。由参数 M 与实测前期土壤含水量关系曲线（图 3-41）和参数 θ_0 与实测前期土壤含水量关系曲线（图 3-42）可以得到参数 M 和参数 θ_0 的计算公式为

$$M = 1007.7\mathrm{e}^{-33.12\theta_0'} \tag{3-33}$$

$$\theta_0 = 1.3306\theta_0' - 0.1227 \tag{3-34}$$

式中　θ_0'——实测前期土壤含水量。

表 3 – 14 率定场次参数值及模拟效果

场次	K_s	M	θ_0	实测前期土壤含水量	下渗率模拟		
					NSE	R	VE
1	0.32	0.014	0.33	0.34	0.95	0.97	0
2	0.32	0.026	0.31	0.34	0.95	0.98	0
3	0.32	0.021	0.32	0.33	0.98	0.99	0
4	0.32	0.014	0.35	0.37	0.96	0.99	0
5	0.32	0.007	0.38	0.38	0.98	0.99	−0.01
6	0.32	0.016	0.34	0.34	0.89	0.95	0.02
7	0.32	0.021	0.33	0.35	0.97	0.99	0
8	0.32	0.038	0.28	0.31	0.98	0.99	−0.01
9	0.32	0.014	0.33	0.33	0.98	0.99	0.02
10	0.32	0.015	0.31	0.33	0.96	0.98	−0.01
11	0.32	0.002	0.38	0.38	0.78	0.94	0.11
12	0.32	0.008	0.34	0.34	0.93	0.98	0.03
13	0.32	0.007	0.34	0.34	0.99	1.00	0.01
14	0.32	0.001	0.38	0.36	0.86	0.96	0.07

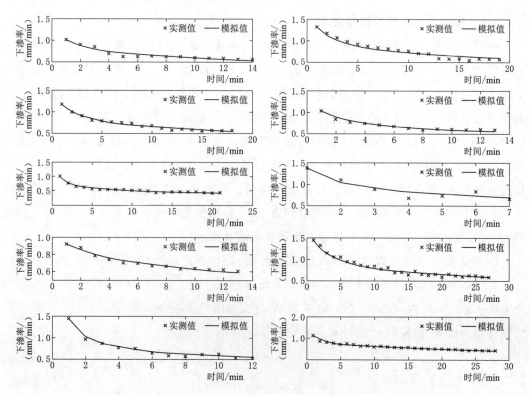

图 3 - 40 (一) 率定场次模拟结果

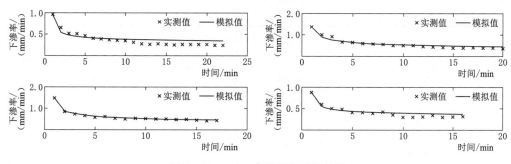

图 3-40（二） 率定场次模拟结果

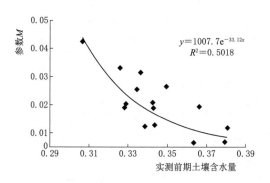

图 3-41 率定场次参数 M 与前期土壤
含水量的关系曲线

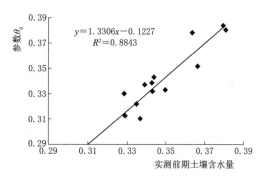

图 3-42 参数 θ_0 与前期土壤
含水量的关系曲线

在对 10 场验证场次数据的模拟中，首先把各场次的实测前期土壤含水量代入式（3-33）和式（3-34）中，分别计算参数 M 和参数 θ_0，之后直接利用 $f—\theta$ 模型进行下渗过程的模拟，并分析模拟效果。各场次的参数值及模拟效果见表 3-15，模拟结果见图 3-43。验证场次模拟效果的 R 均接近 0.99，仅个别场次的 NSE 和 VE 不够理想，大多数场次的 NSE 在 0.9 左右，VE 在 ±10% 的范围内，整体模拟效果比较理想。模型参数可以根据实测变量确定是物理性水文模型的一大优势，本节根据实测前期土壤含水量，结合参数间关系规律，直接得到了各场次对应的 $f—\theta$ 模型 3 个参数，用于下渗过程的模拟，并取得了良好的效果。在实测土壤含水量等详细数据的基础上，该方案可以用于小流域暴雨洪水预报。

表 3-15　　　　　　　　　　　　　　　验证场次参数值及模拟效果

场次	K_s	M	θ_0	实测前期土壤含水量	下 渗 率 模 拟		
					NSE	R	VE
1	0.32	0.013	0.33	0.34	0.79	0.99	−0.09
2	0.32	0.016	0.32	0.33	0.86	0.99	−0.11
3	0.32	0.019	0.32	0.33	0.51	0.99	−0.19
4	0.32	0.005	0.36	0.37	0.56	0.99	−0.18
5	0.32	0.004	0.38	0.38	0.94	0.98	−0.03
6	0.32	0.022	0.31	0.32	0.92	0.98	−0.04

续表

场次	K_s	M	θ_0	实测前期 土壤含水量	下 渗 率 模 拟		
					NSE	R	VE
7	0.32	0.041	0.28	0.31	0.95	0.99	−0.06
8	0.32	0.008	0.35	0.35	0.72	0.97	0.10
9	0.32	0.036	0.29	0.31	0.52	0.97	0.22
10	0.32	0.039	0.29	0.31	0.98	0.99	0

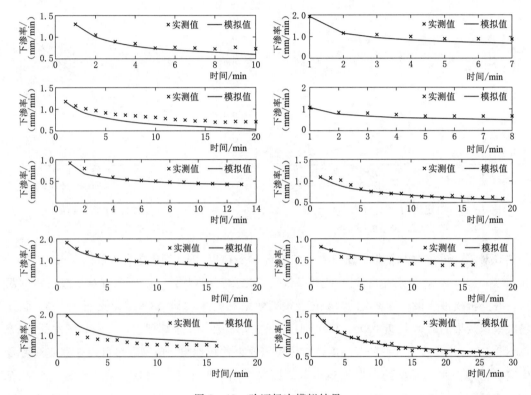

图 3-43　验证场次模拟结果

3.3　模型应用

本节应用 $f-\theta$ 模型模拟潮河流域场次洪水过程。潮河流域是华北半干旱半湿润区的代表性流域之一，降水—径流关系较为复杂，特别是在气候变化和人类活动的双重影响下，近 10 年流域径流锐减趋势显著，径流模拟特别是场次洪水过程模拟存在较大难度。

3.3.1　流域概况

潮河流域位于冀北山地（116°10′E～117°35′E，40°35′N～41°37′N），整体地势北高，

东南低，地形以低山和中山为主，山地面积约占总面积的80%。本书中的潮河流域是指密云水库以上部分（不包括牤牛河、安达木河和清水河等二级支流流域），面积约为4808km²（图3-44）。流域植被类型以森林、灌木和草地为主，三者面积之和占总面积的80%以上。森林植被主要以人工和天然次生的暖温带落叶阔叶林为主。其中，人工林主要分布在浅山丘陵和低山地带，天然次生林和原始林主要分布在山地中山以上山脊部位以及山势陡峭人迹罕至的地方。

图3-44　潮河流域概况图

　　潮河流域气候类型属于中温带向暖温带以及半干旱向半湿润地区过渡的大陆性季风气候。夏季盛行东南风，炎热多雨；冬季盛行偏北风，寒冷干燥，多风少雨。该流域内降水有以下特点：年际变化大，年内分配不均，降水空间分布不均，暴雨强度大且历时短。流域多年平均降水量约为511mm，汛期降水（6—9月）占年降水量的75%以上。潮河干流流经丰宁中部、漆平西部，过古北口流入密云水库，全长239.5km。平均流量3.71m³/s，年平均径流量2.56亿m³。由于属于山溪性河流，年内丰枯悬殊，枯水季节径流量0.25 m³/s，而丰水季节洪峰流量可达214 m³/s以上。

3.3.2　数据收集与整理

　　收集了潮河流域的基础地理信息数据、气象数据和水文数据等，见表3-16、图3-45和表3-17。

表 3-16   潮河流域的基础地理信息数据、气象数据和水文数据

信息类型	详细类别	特征描述
基础地理信息	数字高程模型（DEM）	全流域 30m×30m 分辨率
	土壤图	1：100 万的土壤分类及相应理化性质
	土地利用图	潮河流域土地利用类型
	站点空间分布图	气象站、水文站
水文气象信息	温度	1973—2013 年国家气象站的日最高、最低温数据
	降水	1973—2013 年 13 个雨量站的日降水量
	径流	1973—2013 年流域出口下会站的日流量

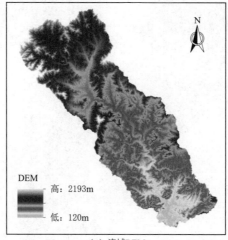

（a）流域DEM

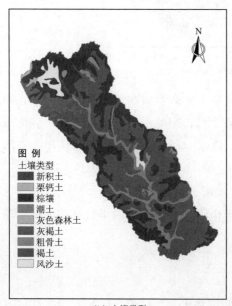

（b）土壤类型

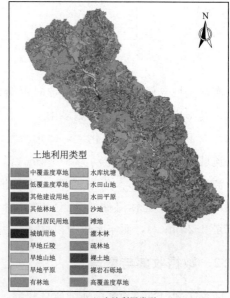

（c）土地利用类型

图 3-45　潮河流域 DEM、土壤类型及土地利用类型图

表 3 - 17 潮河流域站点列表

站　　名		经度/(°)	纬度/(°)
国家气象站	丰宁	116.6	41.2
水文站	下会	117.2	40.6
雨量站	上黄旗	116.6	41.3
	小坝子	116.4	41.5
	土城子	116.6	41.3
	五道营	116.4	41.3
	南辛营	116.6	41.1
	大阁	116.7	41.2
	南关	116.8	41.3
	石人沟	117.0	41.1
	石坡子	116.8	40.9
	虎什哈	117.0	40.9
	安纯沟门	117.2	40.9
	古北口	117.2	40.7
	下会	117.2	40.6

3.3.3　模型模拟结果分析

3.3.3.1　次洪数据资料

潮河上游流域（大阁站控制流域）面积 $1850km^2$，数据资料包括 1956—2000 年大阁站汛期洪水和降雨要素摘录表。对原始数据进行线性插值处理，得到等时间间隔（$\Delta t = 1h$）的降水与流量数据作为模型输入。大强度降水的标准为日降水量大于 20mm，由于潮河流域径流对大强度降水的响应较为敏感，因此，从整个历史数据序列中挑选出场次降水总量大于 20mm 的共 32 场次洪过程进行模拟。各次洪场次信息见表 3 - 18。

表 3 - 18 各次洪场次信息

场　次	日　期	降水总量/mm	径流总量/mm	径流系数	降水—径流序列相关系数
1	1956 - 8 - 22	39.00	1.81	0.05	0.57
2	1956 - 9 - 4	20.50	1.63	0.08	0.30
3	1957 - 8 - 26	34.00	2.49	0.07	0.38
4	1958 - 7 - 6	24.93	2.16	0.09	0.48
5	1958 - 7 - 10	78.11	6.34	0.08	0.60

续表

场 次	日 期	降水总量/mm	径流总量/mm	径流系数	降水—径流序列相关系数
6	1958 - 7 - 12	116.78	11.81	0.10	0.40
7	1959 - 9 - 5	54.10	6.44	0.12	−0.04
8	1960 - 7 - 15	82.59	3.74	0.05	0.10
9	1962 - 7 - 8	31.39	1.22	0.04	−0.03
10	1963 - 8 - 6	140.88	6.27	0.04	0.34
11	1965 - 6 - 23	23.99	0.82	0.03	0.10
12	1965 - 7 - 13	20.38	2.60	0.13	0.11
13	1966 - 9 - 17	23.21	0.86	0.04	0.25
14	1968 - 7 - 16	58.32	3.12	0.05	0.43
15	1968 - 7 - 25	29.60	1.23	0.04	−0.04
16	1969 - 8 - 10	26.27	1.12	0.04	−0.06
17	1969 - 9 - 1	35.99	1.86	0.05	0.04
18	1970 - 7 - 23	21.91	0.93	0.04	0.16
19	1974 - 7 - 31	31.59	4.86	0.15	0.11
20	1974 - 8 - 21	31.71	1.70	0.05	−0.06
21	1975 - 8 - 31	26.60	1.32	0.05	0.05
22	1976 - 8 - 7	27.50	0.86	0.03	−0.35
23	1978 - 9 - 16	38.89	1.82	0.05	0.20
24	1982 - 7 - 31	55.38	4.86	0.09	0.03
25	1985 - 7 - 1	53.00	2.29	0.04	−0.01
26	1992 - 8 - 6	34.10	1.53	0.04	0.18
27	1993 - 8 - 11	33.40	3.21	0.10	0.48
28	1994 - 7 - 6	52.90	2.34	0.04	0.34
29	1994 - 7 - 11	95.01	4.44	0.05	0.15
30	1996 - 7 - 23	41.60	2.14	0.05	0.38
31	1998 - 7 - 5	119.90	8.05	0.07	0.36
32	1998 - 7 - 28	38.20	2.62	0.07	−0.04

　　各场次的降水总量和径流总量见图 3-46，两个序列的相关性较好（$R=0.82$）。但径流系数在普遍较低的同时波动明显，且各场次的径流系数与降水总量没有相关性（$R=0.02$）。各次洪过程的降水—径流序列一致性较差，相关系数普遍较低（表 3-18），可能是前期土壤含水量差异、流域局部产流等原因造成降水—径流关系的显著非线性，这会给流域次洪模拟造成一定的困难。

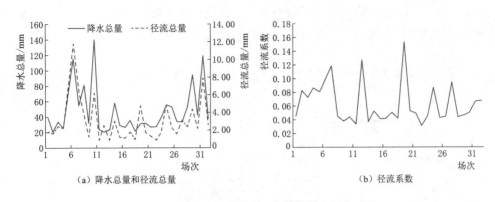

图 3-46　各场次降水总量、径流总量及径流系数

3.3.3.2　模型模拟结果

把 $f—\theta$ 模型用于潮河上游流域流的次洪过程的模拟，模拟效果良好。各场次的 NSE 普遍高于 0.5，大部分在 0.7 以上；R 均高于 0.6，大部分高于 0.8；VE 主要在 $\pm10\%$的范围内波动（图 3-47）。

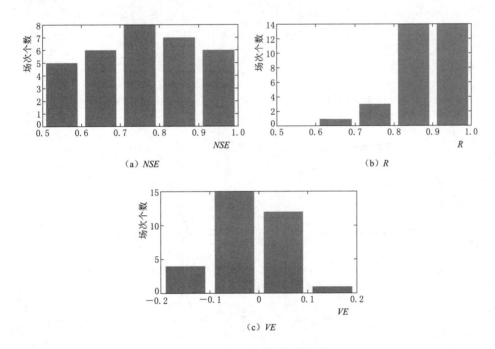

图 3-47　各场次模拟效果统计

各场次径流模拟结果见图 3-48。观察各场次的降水、实测流量 Q_{obs}、模拟流量 Q_{sim} 的变化过程，可以得到以下规律：①与 3 个模拟评价指标的统计结果相符，各场次模拟结果普遍较好；②降水历时较短的单峰型降雨对应的场次，其模拟结果更加理想（例如场次 20、28、30 等）；③个别场次由于实测数据的降水—径流一致性较差，使得模拟精度偏

低（例如场次 1、4、29 等）；④由于模型对中等强度降水的响应不够敏感，造成个别场次模拟洪峰尖瘦或少峰的现象，从而影响到模拟精度（例如场次 8、10 等）。

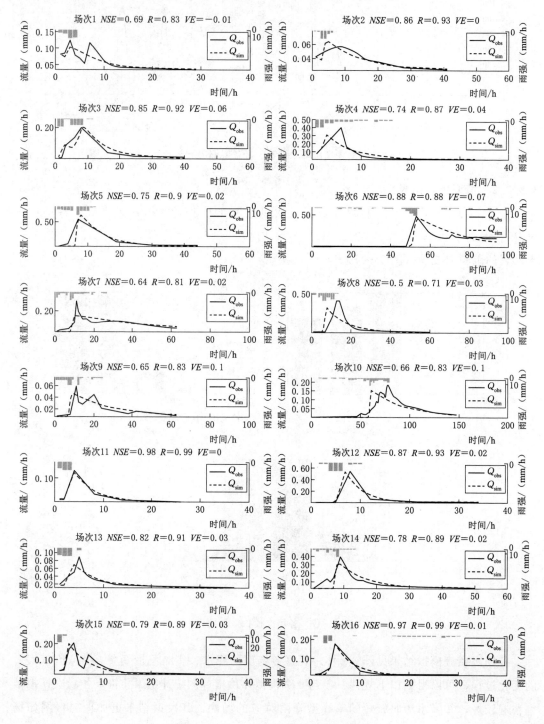

图 3-48（一）　各场次径流模拟结果

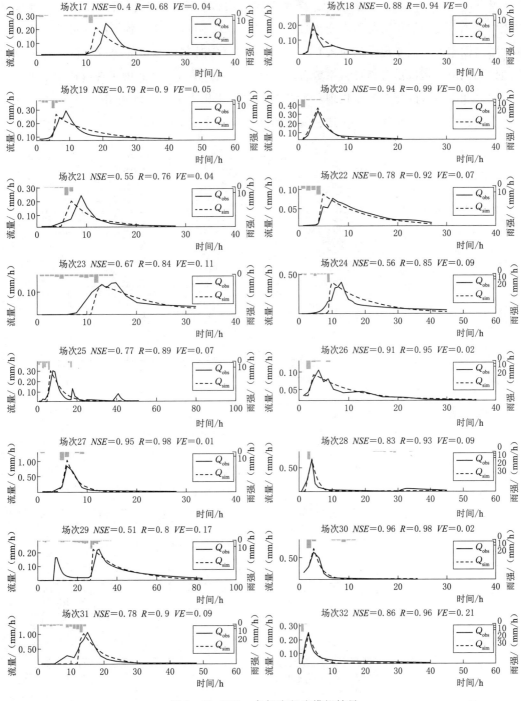

图 3-48（二） 各场次径流模拟结果

模型在进行径流模拟时，严格按照超渗产流机理进行计算。首先根据土壤含水量计算得到下渗能力，之后比较下渗能力与雨强的大小，只有当雨强超出下渗能力时，才产生地表径流，当雨强不满足下渗能力时，所有的降水量均入渗到土壤中，进而增加土壤含水量并减少下一时刻的下渗能力。模型在得到模拟径流序列的同时，也生成了模拟下渗能力序列。由下渗能力与雨强变化过程（图 3-49）可以发现，各场次真正的产流时刻非常短（图中实线高于虚线的时段），且产流量占对应时刻降水量的比例极低，这可以很好地说明潮河流域次洪过程径流系数普遍较低的原因。图 3-49 有助于理解适用于半干旱半湿润区和干旱区的超渗产流机理，下渗能力过程线相当于"产流阈值"，高于这一阈值的降雨才能形成地表径流，低于这一阈值的降雨只能改变土壤含水量。

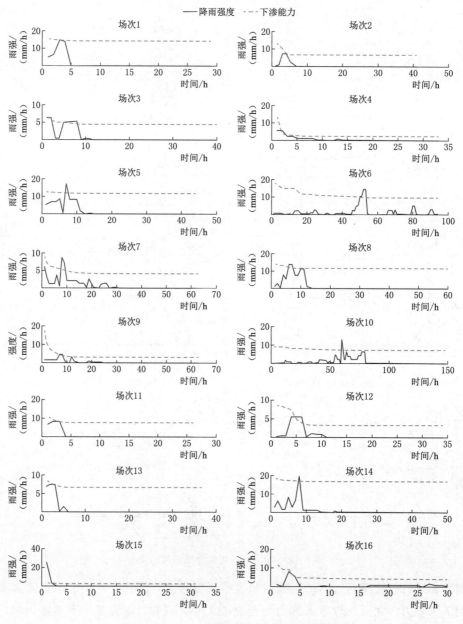

图 3-49（一） 各场次下渗能力模拟结果

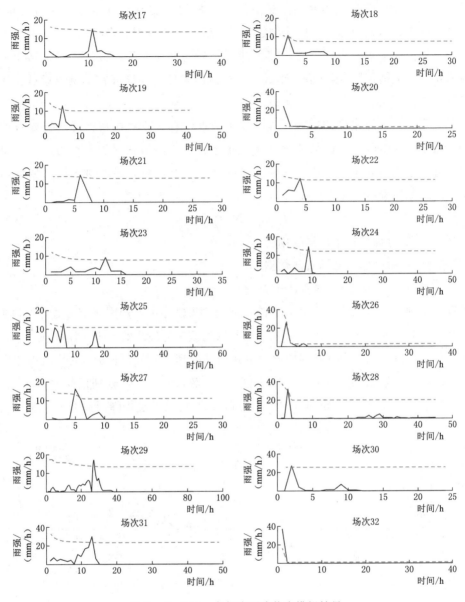

图 3-49（二） 各场次下渗能力模拟结果

3.3.3.3 模型降水前处理

由于实际流域中降水的空间差异以及模型对中等强度降雨的响应不够敏感，造成个别场次模拟洪峰尖瘦或少峰的现象。本节通过对降水数据进行前处理从而改善了这一问题。在实际降雨过程中，整个流域不可能都按照雨量站测得的雨强均匀降雨，只能认为站点测得的降雨与流域内其他区域的降水具有一致性，因此可以"以点带面"。但不可否认的是，这样处理会引起降雨数据的误差，牺牲一部分径流模拟精度。此外，根据3.3.3.2节分析可知，个别场次由于模型对中等强度降水的响应不够敏感，造成模拟洪峰尖瘦的现象，从而影响到模拟精度。造成这一现象的主要原因可能是降水的空间差异。当雨量站雨强较大但还未超过"产流阈值"时，模型计算得到的产流量为 0，但在实际流域中，很可能由于降水的空间差异，使得同一时刻其他地区的雨强大于雨量站周围的雨强，且满足"产流阈值"，因此满足形成地表径流的条件，并能够在实测流量过程线中观测到洪峰。

为了减弱降水空间差异的影响，提高模拟精度，有必要对模型的降水输入数据进行前处理。假设同一时刻不同区域的雨强满足正态分布，雨量站观测数据为这一正态分布的均值，且决定正态分布的方差。流域被随机分为 n 个区域，各时刻不同区域的雨强均由降水实测数据所确定的正态分布得到，公式为

$$P_{t,n} \sim N(P_t, \sigma^2) \tag{3-35}$$

式中 $P_{t,n}$——t 时刻第 n 个区域的雨强；

      P_t——t 时刻的雨量站观测数据；

      σ——正态分布的标准差，与 P_t 相关。

处理后得到 n 个降水序列。把 n 个降水序列输入模型中，用同一套参数计算得到 n 个对应的径流序列，所有区域径流序列在各时刻的均值即为最终的模拟径流序列。

用 3 种不同的正态分布函数对降水序列进行前处理，3 种正态分布的均值均为原降水数据，标准差 σ 分别取原降水数据的 0.2 倍、0.5 倍和 0.8 倍，分别记作 Pattern1、Pattern2 和 Pattern3。Pattern1 处理后的第 8 场和第 10 场次洪过程降雨数据见图 3-50。

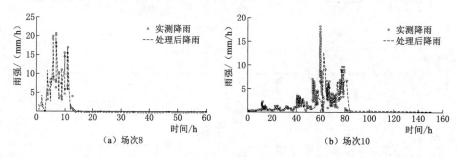

(a) 场次8   (b) 场次10

图 3-50   Pattern1 处理后的降水过程线

3 种降水前处理方式对应的径流模拟效果见表 3-19，对于第 8 场次洪过程来说，模拟效果提升明显，NSE 由 0.5 增加到 0.6 左右，但体积误差也有所增加；对于第 10 场次洪过程来说，模拟效果有少量改进。

表 3-19   3 种降水前处理方式的径流模拟效果

处理方式	第 8 场			第 10 场		
	NSE	R	VE	NSE	R	VE
处理前	0.50	0.71	0.03	0.66	0.83	-0.10
Pattern1	0.58	0.77	0.11	0.69	0.88	0.19

续表

处理方式	第8场			第10场		
	NSE	R	VE	NSE	R	VE
Pattern2	0.68	0.84	0.21	0.66	0.88	0.15
Pattern3	0.63	0.79	0.00	0.75	0.87	0.07

模拟结果见图3-51。对于第8场次洪过程，原始降水—径流数据的一致性较差，降雨为双峰型，而径流为单峰型，且洪峰出现时间明显推迟。用原始降水数据进行模拟时，模拟径流量为单峰型，但洪峰出现时间比实测洪峰提前5h左右。对降水进行前处理后，模拟径流与实测降水关系更加一致，同样表现为双峰型，且模拟径流更加接近实测径流。对于第10场次洪过程，原模拟径流为单峰型，与实测径流和实测降雨数据均不太符合。对降雨进行前处理后，模拟径流变为双峰型，从过程上看，模拟结果提升明显。

综合上述2个场次的模拟结果，可以发现对降雨进行前处理可以提高模型对中等强度降雨的响应，一定程度上弥补降水空间差异带来的降雨与模拟径流的不一致性，并最终提高模型的模拟效果。

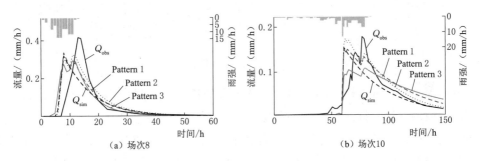

(a) 场次8　　　　　　　　　　(b) 场次10

图3-51　3种降水前处理方式模拟结果

3.3.3.4　模型参数规律分析

参数 K_s 的实际物理意义为饱和导水率（稳渗率），在点尺度的室内和野外降雨入渗实验中，该参数的波动范围较小，且在室内实验中，率定得到的参数值与实测稳渗率非常一致。但在潮河上游流域次洪模拟中，率定得到的参数 K_s 在 0～20 的范围内波动（图3-52），相对集中且均匀分布在0～15的范围内。参数 K_s 没有单位，但与其等价的导水率（稳渗率）的单位为 mm/h，且 0～20mm/h 的范围符合潮河流域实际雨强的变化范围（0～40mm/h）。虽然由于数据资料的限制，模型没有考虑下垫面的空间差异，但在实际入渗产流过程中，局部产流现象突出，各场次的实际产流区

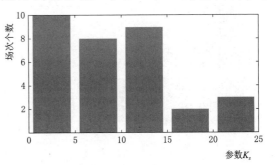

图3-52　参数 K_s 统计结果

域有所区别,不同产流区域的下垫面特性差异可能是造成参数 K_s 波动的重要原因。

此外,参数 K_s 的取值直接关系到可能的最小下渗能力,进而影响到下渗能力过程线("产流阈值"),因此,波动范围较大的参数 K_s 很可能造成各场次的径流系数差别明显(阈值越高,相同雨强条件下,径流系数越低),但实际径流系数差别不大。造成上述现象的原因可能是参数 K_s 与雨强变化的一致性。参数 K_s 取值较高的场次,其雨强也较高,从而抵消了"产流阈值"升高的影响,表现为径流系数无明显变化。各场次的最大雨强与参数 K_s 值间的关系(图 3-53)很好地印证了这一点,对于绝大部分场次而言,随着最大雨强的增加,率定得到的参数 K_s 值呈线性增加的趋势,拟合直线的 R^2 能够达到 0.9 以上;仅有 4 场次洪过程不满足这一规律,但其参数值与对应场次的第 2 大雨强线性关系良好。

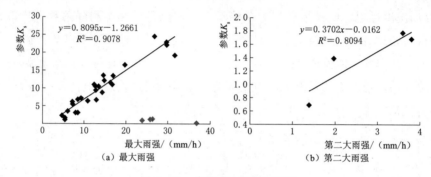

图 3-53 参数 K_s 与雨强关系

综合以上分析,可以得出如下结论:各场次的最大降雨强度影响实际产流区域的分布,不同区域的下垫面特性差异是造成参数 K_s 取值差异的主要原因。

参数 θ_0 的实际物理意义为前期土壤含水量(图 3-54),在室内实验中,率定得到的参数值与实测初始前期有较高的一致性。但在实际流域中,缺乏实测土壤含水量数据进行验证,因此以前期影响雨量为参考,评价参数 θ_0 取值的合理性。在经过对比分析后,确定前期影响雨量为次洪过程开始之前的两天内的降雨总量。点绘各场次参数 θ_0 与前期影响雨量关系(图 3-55),发现两者线性关系良好,R^2 高达 0.82。因此,模型率定得到的参数 θ_0 可以很好地反映产流开始前流域的土壤含水量条件。

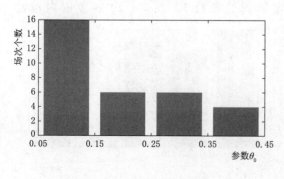

图 3-54 参数 θ_0 统计结果

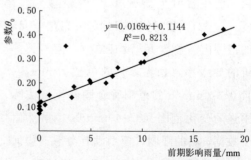

图 3-55 参数 θ_0 与前期影响雨量关系

3.4　本章小结

本书根据获得大量详实的实验数据，基于物理成因分析，推导得到了描述产流期下渗率 f 与土壤含水量 θ 关系的数学表达式（$f—\theta$ 公式），并以 $f—\theta$ 公式为核心构建了 $f—\theta$ 模型。该模型严格按照超渗产流理论进行计算，可以很好地体现降雨强度与下渗能力关系对产流过程的影响，并且模型参数也可以明确反映下垫面前期土壤含水量条件。并将该模型应用于潮河上游流域的次洪模拟中，模拟效果比较理想，参数物理意义明确。借助该模型，从多角度深入研究了前期土壤含水量对半干旱半湿润区洪水形成过程的影响，得到了一些具有普适性的规律。结论如下：

（1）通过数理统计分析与物理成因分析相结合，建立了描述产流期下渗率—土壤含水量关系的数学表达式，并用该公式定量描述了前期土壤含水量对下渗率—土壤含水量关系的影响。

研究产流过程中下渗率与土壤含水量这两个关键变量之间的影响作用关系可以进一步揭示前期土壤含水量对产流过程的影响机理。分别通过简单公式拟合、基于经验下渗模型（Horton 模型）推导、基于物理下渗模型（Green–Ampt 模型）推导，得到了 3 个描述下渗率—土壤含水量关系的数学表达式。通过对比分析，发现基于物理下渗模型（Green–Ampt 模型）推导得到的公式，物理基础明确，函数形式简单，且对实验数据结果的描述更为准确，确定其为最终数学表达式，命名为 $f—\theta$ 公式。

基于 $f—\theta$ 公式，研究前期土壤含水量对入渗产流过程的影响与作用机理。实验数据分析和数值模拟分析均表明：①前期土壤含水量越高，初始时刻的下渗率越低，下渗率随土壤含水量减少的速率越快；②前期土壤含水量越高，产流过程结束时所能达到的"相对稳渗率"越低；③前期土壤含水量对下渗率—土壤含水量关系的影响存在拐点，在土壤含水量小于拐点时，随着前期土壤含水量的增加，下渗过程中相同土壤含水量对应的下渗率也在增加，在土壤含水量大于拐点时存在大致相反的规律；④随着前期土壤含水量的增加，下渗率过程线大致呈现出向下平移的规律，且前期土壤含水量对下渗率的影响随着产流历时的增加而逐渐减弱。

（2）基于下渗率—土壤含水量关系的揭示，发展了能够反映前期土壤含水量影响的次洪模型，并利用新的次洪模型，在典型流域进行次洪模拟计算分析。

基于下渗率—土壤含水量关系的揭示，发展了能够反映前期土壤含水量影响的次洪模型，并选取潮河上游流域 1956—2000 年间降雨总量较大的 32 场次洪过程进行模拟，整体模拟效果较好，大部分场次的 NSE 和 R 在 0.7 和 0.8 以上，VE 在 $\pm 10\%$ 的范围内。通过分析各场次参数分布规律，发现参数 K_s 与最大降雨强度密切相关，参数 θ_0 与前期影响雨量有很高的一致性（R 均高于 0.9），说明 $f—\theta$ 模型在实际流域应用时，还保持了其坚实的物理基础。

第 4 章

海绵城市综合模拟系统集成

　　城市雨洪模拟是在海绵城市规划和设计中的一项关键性支撑技术，也是当前国际研究的前沿与难题。城市雨洪模拟的研究起步于 20 世纪 70 年代，最初由部分政府机构（如美国环保署）和科研机构（如丹麦 DHI 公司）组织开展研发工作，并多以地表降水—径流的水文学关系和管道的水动力学模型相结合。目前已发展了多种模型，如 SWMM、STORM、ILLUDAS（Illinois Urban Stormwater Area Simulator）、IUHM、UCURM、DR3M - QUAL、RisUrSim、InfoWorks ICM、MIKE 城市模型系列（MIKE - Urban、MIKE - MOUSE、MIKE - SWMM）。这些模型经过多年的发展，逐步实现商业化，各模型（如 InfoWorks ICM、MIKE - SWMM）封装较好，但很难对其根据中国实际特点进行定制研发和扩展，而且价格昂贵。

4.1　总体框架

　　本研究以国内外使用广泛的城市雨洪模型 SWMM 和 InfoWorks ICM 为基础，耦合团队开发的降雨—径流时变增益非线性模型 TVGM、HIMS 降水动态入渗产流模型 LCM、流域水循环系统模型 HEQM、考虑土壤水变化的 Horton 公式和 Green - Ampt 公式等，对城市雨洪模型的降雨—径流过程、城市面源、水质等方面模拟进行改进；针对我国海绵城市建设特点，扩展已有 LID 措施调控模块的模拟功能；同时耦合常用的模拟效果评估指标（偏差、均方根误差、相关系数和效率系数等）和自动优化算法（随机优化、遗传算法和 SCE - UA 算法等），实现模型多指标多区域的参数自动优选，大大提高模型模拟精度和参数优化效率；最终形成具有中国海绵城市特点的城市降雨—径流模拟和分析工具 URSAT。

　　URSAT 模型工具主要模块共分为三大部分（即产流产污、汇流汇污、参数优选）共 11 个模块（图 4 - 1）。其中产流产污部分包含降雨产流模块、面源估算模块、LID 调控模块；汇流汇污模块包含坡面汇流模块、分流制排水系统的雨水管道汇流模块和污水管道汇流模块、合流制管道汇流模块、道路汇流模块和河道汇流模块；参数优选部分包括效果评估模块、自动优化模块。该工具主要功能如下：

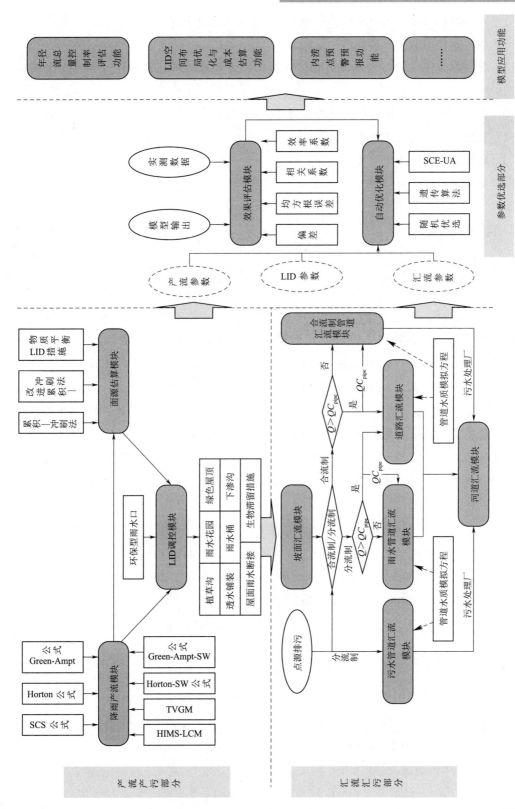

图 4-1 URSAT 模型工具主要框架图和功能（竖条框代表 SWMM 已有功能；其他部分代表扩展功能）

101

（1）综合模拟城市复杂下垫面条件和 LID（低影响开发措施）调控下场次或长期连续降雨—径流及其伴随的污染物质产生过程。

（2）综合模拟径流和污染物在地表、管道、河道等系统的迁移转化过程和人工调蓄措施的影响。

（3）实现模型参数分区的自动优选和验证。

（4）城市年径流总量控制率评估。

（5）LID 空间布局优化和成本估计。

（6）城市内涝点预警预报。

4.2 模型原理

4.2.1 降雨—产流模拟

4.2.1.1 产流过程

产流是指降雨量扣除损失形成净雨的过程。降雨损失包括植物截留、下渗、填洼与蒸发，其中以下渗为主。产流量是指降雨形成径流的那部分水量，以 mm 计。由于各流域所处的地理位置不同和各次降雨特性的差异，产流情况相当复杂。常用的产流模块包括 SCS 产流公式、Horton 公式或 Green‐Ampt 公式 3 种计算方式。在进行产流计算时，采取将研究区域划分若干个子排水区的方法，根据各子排水区的特性分别计算其产流过程，最终通过流量演算方法计算子排水区出流。各个排水区根据地表特征概化成透水部分、有洼蓄量的不透水部分和无洼蓄量的不透水部分三部分，分别反映不同的地表特性。

地表产流指降雨扣除初损后成为净雨的过程。产流计算按照排水区概化情况分为三部分，即：无洼蓄不透水面积 A_3 上的产流等于降雨扣除蒸发损失；有洼蓄不透水面积 A_2 上的产流等于降雨扣除洼蓄量；透水面积 A_1 上的产流等于降雨扣除洼蓄量和下渗损失。整个排水区的产流量等于三部分产流量之和。

无洼蓄不透水地表、有洼蓄不透水地表和透水地表的产流量计算公式为

$$R_1 = P - E \tag{4-1}$$

$$R_2 = P - D \tag{4-2}$$

$$R_3 = (i - f)\Delta t \tag{4-3}$$

式中　R_1、R_2、R_3——三种地表的产流量，mm；

　　　　P——降水量，mm；

　　　　E——蒸发量，mm；

　　　　D——洼蓄量，mm；

i——降雨强度，mm/h；

f——入渗强度，mm/h；

Δt——时间间隔，h。

Horton 方程主要描述下渗率随降雨时间变化的关系，参数少且适用于小流域。Horton 模型依据均质单元土柱的下渗试验观测资料总结得来，认为在长期降雨过程中，下渗率随时间减少且呈指数降低，从最大速率降至最小速率，具体公式为

$$f_t = f_c + (f_0 - f_c)\mathrm{e}^{-kt} \tag{4-4}$$

式中　f_t——t 时刻的下渗率，mm/h；

f_c——土壤稳定下渗率，mm/h；

f_0——土壤初始下渗率，mm/h；

k——下渗衰减系数，1/h，与土壤物理性质有关；

t——时间，h。

4.2.1.2　地面汇流过程

地面汇流过程指净雨汇集到出口断面后流入城市河网和地下管网的过程。考虑到城市下垫面的复杂性，地面汇流计算采用非线性水库模型，将每个子排水分区概化成非线性蓄水池，蓄水池的入流项为降雨和上游入流，出流项为下渗、蒸发和地表产流。蓄水池容量为最大洼地蓄水量，当蓄水池水深超过 d_p 时，地表径流 Q 产生并由曼宁公式计算出流量。地面汇流计算需联立求解连续方程和曼宁公式，具体为

$$\frac{\mathrm{d}V}{\mathrm{d}t} = A\frac{\mathrm{d}d}{\mathrm{d}t} = Ai^* - Q \tag{4-5}$$

$$Q = \frac{1.49W}{n}(d-d_p)^{5/3}S^{1/2} \tag{4-6}$$

式中　V——地表集水量，m³；

t——时间，s；

A——地表面积，m²；

d——水深，m；

i^*——净雨强度，mm/s；

Q——出流量，m³/s；

W——子排水区漫流宽度，m；

n——地表曼宁糙率；

d_p——地表最大洼蓄深，m；

S——子排水区平均坡度。

联立式（4-5）和式（4-6）得到非线性微分方程，求解未知数 d 为

$$\frac{\mathrm{d}d}{\mathrm{d}t} = i^* - \frac{1.49W}{An}S^{1/2} \cdot (d-d_p)^{5/3} \tag{4-7}$$

对式（4-7）用有限差分法求解，方程中的净入流量、净出流量和净雨强度都取时段平均值计算，再结合 Horton 公式计算得到的平均下渗率，联立求解可得出流量 Q。

4.2.1.3 管网汇流过程

管网汇流模拟包含三种计算方法，分别为恒定流法、运动波法和动力波法，均由渐变非恒定流质量和动量方程的守恒控制（求解圣维南方程组）。其中，恒定流法假设每一计算时间步长内的流量恒定且均匀，因此不考虑渠道蓄水、回水影响、进出口损失、逆向流和压力流。运动波法利用每一管渠动量方程的简化形式求解连续性方程，不考虑回水影响、进出口损失、逆向流和压力流。动力波法求解完整一维圣维南方程组，结果最为精确，考虑了渠道蓄水、回水、进出口损失、逆向流和压力流。本研究采用动力波法模拟管网汇流，模型的建立需要构建管网控制方程和节点控制方程两部分。

管网控制方程包括管道的水流连续方程和动量方程，即

$$\frac{\partial Q}{\partial x} + \frac{\partial A}{\partial t} = 0 \tag{4-8}$$

$$gA\frac{\partial H}{\partial x} + \frac{\partial \left(\frac{Q^2}{A}\right)}{\partial x} + \frac{\partial Q}{\partial t} + gAS_f = 0 \tag{4-9}$$

式中　　x——距离，m；

A——过水断面面积，m^2；

t——时间，s；

g——重力加速度，$g = 9.8\text{m/s}^2$；

H——水深，m；

S_f——摩阻坡度。

由曼宁公式可求

$$S_f = \frac{K}{gAR^{4/3}}Q\mid V \mid \tag{4-10}$$

其中

$$K = gn^2$$

式中

n——管道的曼宁糙率；

R——过水断面的水力半径，m；

V——流速，取绝对值表示摩擦阻力与水流方向相反。

式（4-8）～式（4-10）三式联立，并将 $Q = Av$ 代入式中，得到

$$gA\frac{\partial H}{\partial x} - 2v\frac{\partial A}{\partial t} - v^2\frac{\partial A}{\partial x} + \frac{\partial Q}{\partial t} + gAS_f = 0 \tag{4-11}$$

式（4-11）化为有限差分格式，即

$$Q_{t+\Delta t} = \frac{1}{1 + (K\Delta t/\overline{R}^{4/3})\mid \overline{V}\mid}\left(Q_t + 2\overline{V}\Delta A + V^2\frac{A_2 - A_1}{L}\Delta t - g\overline{A}\frac{H_2 - H_1}{L}\Delta t\right)$$

$$\tag{4-12}$$

式中 $\overline{R}$、$\overline{V}$、$\overline{A}$——t 时刻管道末端的加权平均值。

节点控制方程指节点处的连续方程,即

$$\frac{\partial H}{\partial t} = \frac{\sum Q_t}{A_{sk}} \qquad (4-13)$$

式中 H——节点水头,m;

t——时间,s;

Q_t——节点处的流量,m³/s;

A_{sk}——节点的自由表面积,m²。

式(4-13)化为有限差分格式,即

$$H_{t+\Delta t} = H_t + \frac{\sum Q_t \Delta t}{A_{sk}} \qquad (4-14)$$

联立管道和节点控制方程中的有限差分公式,依次求得 Δt 时段内的管段流量和节点水头。

4.2.2 水质模拟

水质模拟主要针对从直接降雨、地表径流、边侧地下水流量、降雨致入渗入流、旱季基流或污水流量,以及用户提供外部时间序列流量进入排水系统的水质成分,可用累积—冲刷方法计算污染物浓度和负荷。

4.2.2.1 累积过程

常用的污染物累积函数包括幂函数(其中线性累积函数是一种特殊情况)、指数累积函数和饱和累积函数。

幂函数累积使累积正比于时间的特定幂,直到达到最大限值,计算公式为

$$b = \mathrm{Min}(B_{\max}, K_B t^{N_B}) \qquad (4-15)$$

式中 b——累积量,B;

t——累积时间间隔,d;

$B_{\max}$——最大可能累积量,B;

K_B——累积速率常数,d⁻¹;

N_B——累积时间指数,$N_B \leqslant 1$。

指数累积遵从指数增长曲线,它渐近于最大限值,具体公式为

$$b = B_{\max}(1 - \mathrm{e}^{-K_B t}) \qquad (4-16)$$

式中 K_B——累积速率常数,d⁻¹。

饱和累积开始处于线性速率,持续到随着时间的恒定下降,直到达到饱和数值,具体公式为

$$b = B_{\max} t / (K_B + t) \qquad (4-17)$$

4.2.2.2 地表冲刷过程

冲刷是径流时段内子汇水面积地表成分的侵蚀和溶解过程。如果水深超过数毫米，侵蚀可通过沉积物迁移理论描述，其中沉积物的质量流量正比于流动和底部切应力，并将临界切应力用于确定留在河渠底部剩余颗粒的启动运动。但基于沉积物迁移的方法缺乏参数估计的数据，很难在实际情况中应用，而且一些基于简单的理论基础的方法也可以较好地再现冲刷现象。常用的地表冲刷模型包括 3 种，分别为指数冲刷、性能曲线冲刷和事件平均浓度（event mean concentration，EMC）冲刷。首先计算出每一种成分由于地表累积冲刷的负荷速率；然后增加来自降雨/径流流入的负荷速率；最后将总负荷速率除以径流量，获得离开子汇水面积径流中的成分浓度。

指数冲刷模型的具体形式为

$$w = K_w q^{N_W} m_B \qquad (4-18)$$

式中　w——任何时刻的冲刷速率，B/h；

　　K_W——冲刷系数，m^{-1}；

　　q——子汇水面积的径流速率，m/h；

　　N_W——冲刷指数；

　　m_B——剩余的污染物累积量，B。

性能曲线冲刷方法适用于自然汇水面积和河流中，沉积物的冲刷速率正比于流量的特定幂。公式为

$$w = K_W Q^{N_W} \qquad (4-19)$$

式中　w——任何时刻的冲刷速率，B/h；

　　Q——流量，m^3；

K_W、N_W——冲刷系数。

事件平均浓度（EMC）冲刷函数的形式为

$$w = K_W q f_{LU} A \qquad (4-20)$$

式中　w——任何时刻的冲刷速率，B/h；

　　K_W——EMC 浓度，表示为与流量相同的容积单位；

　　q——子汇水面积的径流速率，m/h；

　　f_{LU}——土地利用占据的子汇水面积比；

　　A——子汇水面积，hm^2。

4.2.2.3 迁移和处理

地表径流和来自其他外部源头的水质成分，通常通过输送系统迁移，直到它们排放到受纳水体、处理设施或一些其他类型的目的地（例如为了灌溉，返回到地表），输送系统是由节点和管段组成的网络。节点是表示简单汇接点、分流器、蓄水设施或排放口的点。管段利用管渠（管道和渠道）、水泵或流量调节器（孔口、堰或出水口）将节点相互

连接。节点的进流量可来自地表径流、壤中流、降雨致入渗入流、污水旱季流量，或者来自用户定义的时间序列。当污染物流过管渠和蓄水节点时，可以通过自然衰减过程去除；它们也可以通过用在非蓄水节点（例如高速率固体分离器）和蓄水节点（例如物理沉淀）处的处理过程降低。

利用串联水箱模型来求解水质成分的迁移，其中管渠表示为在汇接点处相互连接的完全混合反应器，或者完全混合的蓄水节点。公式为

$$c(t+\Delta t)=\frac{c(t)V(t)\mathrm{e}^{-K_1}\Delta t+C_{\mathrm{in}}Q_{\mathrm{in}}\Delta t}{V(t)+Q_{\mathrm{in}}\Delta t} \qquad (4-21)$$

式中 c——反应器内的浓度，B/h；

V——反应器内的容积，m³；

C_{in}——反应器的任何进流浓度，B/h；

Q_{in}——该进流的容积流量，m³/h；

K_1——一级反应常数；

Δt——时间步长，d。

水质成分的处理程度通过用户设定，它可以是任何成分集合的当前浓度或去除比，以及当前流量的函数。对于蓄水节点，它也取决于水深、表面积、演算时间步长和水力停留时间。特定节点处特定污染物的处理效果可以利用以下一般表达式之一表示

$$c(t+\Delta t)=c(C,R,H) \qquad (4-22)$$

$$c(t+\Delta t)=1-r(C,R,H)C_{\mathrm{in}}(t+\Delta t) \qquad (4-23)$$

式中 c——经过处理之后的节点污染物浓度；

C_{in}——节点进流中的污染物浓度；

$c(\quad)$——基于浓度的处理函数；

$r(\cdots)$——基于浓度的处理函数；

C——处理之前节点污染物浓度向量；

R——处理引起的去除比向量；

H——当前时间步长处水力变量向量。

4.2.3 源头减排调控模拟

在模型中考虑的源头减排措施种类主要包括生物滞留设施、雨水花园、绿色屋顶、下渗沟、透水铺装、雨水桶、屋面雨水断接、植草沟。上述 8 类源头减排设施基本上能够满足常用的模拟计算需求，部分没有涉及的措施也可以采用上述组合或者改变参数来考虑到模型中。

1. 生物滞留设施

为了模拟该源头减排单元的水文性能，进行了如下简化假设：整个深度中保持恒定

单元的断面积,竖向通过单元的流量是一维的,在顶部单元进流量表面均匀分布,整个土壤层含水率均匀分布,忽略蓄水层的矩阵力,以便它作为简单水库,自底而上蓄水。在满足以上假设条件下,源头减排单元可以通过求解简单流量连续性方程组模拟。每个方程描述了特定层含水率随时间的变化,可以看作该层的进流和出流水通量之间差值,可表述为每单位面积、每单位时间的容积。描述表层、土壤层及蓄水层的方程为

表层:
$$\phi_1 \frac{\partial d_1}{\partial t} = i + q_0 - e_1 - f_1 - q_1 \qquad (4-24)$$

土壤层:
$$D_2 \frac{\partial \theta_2}{\partial t} = f_1 - e_2 - f_2 \qquad (4-25)$$

蓄水层:
$$\phi_3 \frac{\partial d_3}{\partial t} = f_2 - e_3 - f_3 - q_3 \qquad (4-26)$$

式中　　d_1——地表蓄水深度,mm;

　　　　θ_2——土壤层含湿量(水容积/总土壤容积);

　　　　d_3——蓄水层中水深,mm;

　　　　i——表层直接降落的降水速率,m/s;

　　　　q_0——从其他面积捕获径流来的表层进流量,$\mathrm{m^3/s}$;

　　　　q_1——表层径流或溢流速率,$\mathrm{m^3/s}$;

　　　　q_3——蓄水层暗渠出流量,$\mathrm{m^3/s}$;

e_1,e_2,e_3——表层、土壤层和蓄水层的蒸发速率,mm/s;

　　　　f_1——地表水进入土壤层的下渗速率,mm/s;

　　　　f_2——通过土壤层进入蓄水层的穿透水速率,mm/s;

　　　　f_3——从蓄水层进入本地土壤的渗出水速率,mm/s;

　　ϕ_1,ϕ_3——表层、蓄水层的孔隙率;

　　　　D_2——土壤层厚度,mm。

2. 雨水花园

将雨水花园定义为没有蓄水层的生物停留网格。它的具体方程为

表层:
$$\phi_1 \frac{\partial d_1}{\partial t} = i + q_0 - e_1 - f_1 - q_1 \qquad (4-27)$$

土壤层:
$$D_2 \frac{\partial \theta_2}{\partial t} = f_1 - e_2 - f_2 \qquad (4-28)$$

式中各符号意义同上。

3. 绿色屋顶

绿色屋顶的结构也与生物停留网格类似,只是由排水垫层取代了生物停留网格蓄水层的砂砾层。具有排水垫的绿色屋顶具体计算公式为

表层：
$$\phi_1 \frac{\partial d_1}{\partial t} = i - e_1 - f_1 - q_1 \tag{4-29}$$

土壤层：
$$D_2 \frac{\partial \theta_2}{\partial t} = f_1 - e_2 - f_2 \tag{4-30}$$

排水垫层：
$$\phi_3 \frac{\partial d_3}{\partial t} = f_2 - e_3 - q_3 \tag{4-31}$$

4. 下渗沟

渗渠可以按照与生物停留网格相同的方式表示，但是只有表层和蓄水层，计算公式为

表层：
$$\phi_1 \frac{\partial d_1}{\partial t} = i + q_0 - e_1 - f_1 - q_1 \tag{4-32}$$

蓄水层：
$$\phi_3 \frac{\partial d_3}{\partial t} = f_1 - e_3 - f_3 - q_3 \tag{4-33}$$

5. 透水铺装

计算公式为

表层：
$$\frac{\partial d_1}{\partial t} = i + q_0 - e_1 - f_1 - q_1 \tag{4-34}$$

路面层：
$$D_4 (1 - F_4) \frac{\partial \theta_4}{\partial t} = f_1 - e_4 - f_4 \tag{4-35}$$

沙层：
$$D_2 \frac{\partial \theta_2}{\partial t} = f_4 - e_2 - f_2 \tag{4-36}$$

蓄水层：
$$\phi_3 \frac{\partial d_3}{\partial t} = f_2 - e_3 - f_3 - q_3 \tag{4-37}$$

式中　θ_4——渗透铺装层的含湿量；

　　　f_4——路面层的排水速率。

6. 雨水桶

雨水桶可以模拟为所有孔隙空间的蓄水层，并结合了放置在不渗透底部之上的排水阀。仅仅需要单一连续性方程，具体公式为

蓄水层：
$$\frac{\partial d_3}{\partial t} = f_1 - q_1 - q_3 \tag{4-38}$$

式中　f_1——雨水桶捕获的表面进流量。

7. 屋面雨水断接

计算公式为

表层：
$$\frac{\partial d_1}{\partial t} = i - e_1 - q_1 - q_3 \tag{4-39}$$

式中　q_3——每单位屋顶面积通过屋顶管渠系统的流量；

　　　q_1——该系统的溢流量。

8. 植草沟

将植草沟看作自然草沟砌梯形渠道，输送捕获的径流到另一位置，允许它下渗到其下的土壤。它可以结合单一表面层模拟，其连续性方程为

表层：
$$A_1 \frac{\partial d_1}{\partial t} = (i + q_0)A - (e_1 + f_1)A_1 - q_1 A \tag{4-40}$$

式中　A_1——水深 d_1 的表面积；

　　　A——用户指定的洼地在 d_1 处所占的表面积。

4.3　模型改进

4.3.1　产流模块改进

基于实验机理研究成果，考虑土壤含水率对入渗过程的影响，对 Horton 公式和 Green - Ampt 公式进行改进，并耦合国内代表性产流模型 TVGM、HIMS 等。

4.3.1.1　Horton 公式改进

Horton 公式模拟下渗能力的衰减主要遵循自然的耗散过程，下渗能

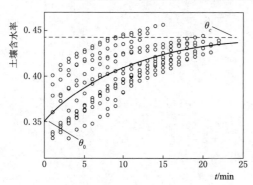

图 4-2　土壤含水率随时间的变化规律

力随时间的衰减过程主要适用于持续降雨情景。土壤下渗能力的减少主要由土壤含水率的增加所致，而且下渗能力除受降雨影响外，还受到灌溉、地表径流和蒸散发等过程的影响。因此，土壤含水率随时间的变化过程可以引入 Horton 公式，更能直观描述下渗能力衰退随土壤含水率的变化关系，见图 4-2。土壤含水率随时间的变化实验结果表明，土壤含水率随时间的变化符合指数函数，公式为

$$\theta = \theta_c + \frac{\theta_0 - \theta_c}{(1+t)^n} \tag{4-41}$$

式中　θ_0、θ_c——初始和饱和土壤含水率；

　　　n——幂指数。

因此，时间 t 可以推导为

$$t = \left(1 + \frac{\theta_0 - \theta}{\theta - \theta_c}\right)^{\frac{1}{n}} - 1 \tag{4-42}$$

式（4-42）可以通过泰勒级数展开，得到

$$t = \sum_{j=1}^{\infty} \frac{\prod_{i=1}^{j}\left(\frac{1}{n} - i + 1\right)}{j!} \cdot \left(\frac{\theta_0 - \theta}{\theta - \theta_c}\right)^j \tag{4-43}$$

因此，考虑土壤含水率变化的 Horton 公式为

$$f(\theta) = f_c + (f_0 - f_c) e^{-k \cdot \sum\limits_{j=1}^{\infty} \frac{\prod\limits_{i=1}^{j}(\frac{1}{n}-i+1)}{j!} \cdot (\frac{\theta_0-\theta}{\theta-\theta_c})^j} \tag{4-44}$$

当土壤含水率趋近于初始土壤含水率和饱和土壤含水率时，下渗能力也趋近于初始下渗能力和稳定下渗率，公式为

$$\lim_{\theta \to \theta_0}\left[f_c + (f_0 - f_c) e^{-k \cdot \sum\limits_{j=1}^{\infty} \frac{\prod\limits_{i=1}^{j}(\frac{1}{n}-i+1)}{j!} \cdot (\frac{\theta_0-\theta}{\theta-\theta_c})^j}\right] = f_0 \tag{4-45}$$

$$\lim_{\theta \to \theta_c}\left[f_c + (f_0 - f_c) e^{-k \cdot \sum\limits_{j=1}^{\infty} \frac{\prod\limits_{i=1}^{j}(\frac{1}{n}-i+1)}{j!} \cdot (\frac{\theta_0-\theta}{\theta-\theta_c})^j}\right] = f_c \tag{4-46}$$

为简化计算，本项目将式（4-44）中的指数 j 设置为 1，简化公式为

$$f(\theta) = f_c + (f_0 - f_c) e^{-\frac{k}{n} \cdot \frac{\theta_0-\theta}{\theta-\theta_c}} = f_c + (f_0 - f_c) e^{-k' \cdot \frac{\theta_0-\theta}{\theta-\theta_c}} \tag{4-47}$$

式中　k'——改进 Horton 公式的特定土壤下渗率衰退系数。

则地表产流量计算公式为

$$R(\theta) = P - ET - f(\theta) = P - ET - f_c - (f_0 - f_c) e^{-k' \cdot \frac{\theta_0-\theta}{\theta-\theta_c}} \tag{4-48}$$

式中　$R(\theta)$——总地表产流量，mm/h；

　　P、ET——降水量和蒸散发量，mm/h。

4.3.1.2　Green-Ampt 公式改进

本节主要是基于 Green-Ampt 模型假设，结合达西定律和水量平衡，推导考虑土壤含水率变化的 Green-Ampt 模型改进形式。具有的推导过程请参考 3.1.3.1 节。

4.3.1.3　时变增益非线性产流公式（TVGM）

TVGM 是夏军院士于 1989—1995 年期间在爱尔兰国立大学（U.C.G.）参加国际河川径流预报研讨班时，通过国内外大量资料分析总结提出的一种降雨径流非线性方程。该方程已广泛应用于我国半湿润、半干旱地区和中小流域降雨径流模拟中，并取得了较好的效果，TVGM 的产流计算公式为

$$R_s = g_1 \left(\frac{AW_u}{WM_u \cdot C}\right)^{g_2} \cdot p \tag{4-49}$$

式中　R_s——地块地表产流量，mm；

　　AW_u——地块表层土壤湿度，mm；

　　WM_u——表层土壤饱和含水量，mm；

　　p——各地块降雨量，mm；

　　g_1、g_2——时变增益因子的有关参数（$0<g_1<1$，$g_2>1$），其中 g_1 为土壤含水率达到
　　　　　　饱和后的径流系数，g_2 为土壤水影响系数；

C——覆被影响参数。

为考虑不同土地利用类型的降雨产流过程，模型将以各地块内不同的土地利用类型作为最小计算单元来计算各土地利用的产流过程。

4.3.1.4 HIMS LCM 产流公式

HIMS LCM 模型是在 1958—1978 年期间，中科院地理所刘昌明院士等提出的适合我国的降水动态入渗产流模型。为了解决资料稀缺地区暴雨径流降水产流的计算与预报问题，刘昌明等开展了我国小流域暴雨洪峰流量形成与计算研究。利用自行研发的便携式人工降雨器，在各地不同类型下垫面上与不同土壤湿度的条件下进行了数百次入渗实验。根据能量守恒定律，基于土壤入渗的重力、阻力和毛管力分析，提出了能够根据雨强、土壤湿度与土地利用/覆盖的入渗计算方程，提出适合我国的降水动态入渗产流模型。基于 LCM 模型融合水循环系统过程，构建了自主研发的流域分布式水文模型 HIMS 系统，并在我国北方与南方不同自然条件流域进行应用，以及在澳大利亚全国、美国部分地区通过了验证，取得普适性的结果。LCM 模型中的参数非常容易利用小型人工降雨器在小流域内实际测量，容易在水文模型中集成，因此一直是 HIMS 产流计算的核心模块。

LCM 模型是一个计算流域产流期内平均损失率的经验模型。根据能量守恒定律，通过分析土壤入渗的重力、阻力和毛管力可以列出入渗水运动（锋面）速度方程为

$$f = \frac{\rho g(y + H + h_c)}{vy} \qquad (4-50)$$

入渗的水量平衡方程为

$$q \cdot \mathrm{d}t = w \cdot \mathrm{d}y \qquad (4-51)$$

式中　f——锋面运动速度；

　　　ρ——水的密度；

　　　g——重力加速度；

y、H、h_c——重力水、地表积水与毛管力水头；

　　　v——阻力系数；

　　　w——入渗孔隙面积，由土壤含水孔隙决定。

联立式（4-52）和式（4-53）可得

$$q = wf = w\frac{\mathrm{d}y}{\mathrm{d}t} = w\frac{\rho y(y + H + h_c)}{vy} \qquad (4-52)$$

在产流过程中，对给定的土壤，ω一定，ρ, g, v 为常量，则 q 与 H，h_c 成正比，而水头 H 又取决于雨强 i，因此式（4-52）可近似地表示为

$$\mu = R \cdot a^r \qquad (4-53)$$

式中　μ——流域产流期内平均损失率，mm/h，不包括流域产流前初损量；

　　　a——流域产流期内平均降雨强度，mm/h；

112

r——损失系数；

R——损失系数。

R 与 r 可根据土湿和植被覆盖情况查表获得。

4.3.2 水质模块改进

目前常用模型对面源污染的产生和污染物迁移转化等水质过程仅有简单的线性或指数经验公式的概化，还需要进一步考虑多种水质影响参数进行模型改进。在已有污染物累积冲刷模型的基础上，增加了不同下垫面特征的污染物输出过程、不同源头减排措施的污染物物质平衡模拟、管道系统污染物迁移转化过程模拟等。

4.3.2.1 不同下垫面的污染物输出过程

输出系数法常用于估算多种下垫面条件下的不同污染物指标的面源污染输出量。该方法简单直观，可以考虑多种下垫面污染物输出过程。结合污染物累积过程、大气沉降过程和污染物输出过程，计算方程为

$$L'(t) = L(t) - \Delta WL(t) + \Delta S(t) + \Delta L(t)$$

$$L(t) = B_{\max} \cdot (1 - e^{-kg \cdot t})$$

$$WL(t) = \frac{L(0)(1 - e^{-kt}) \cdot \sum_{j=1}^{n} (A_j \cdot R_{p,j})}{\sum_{j=1}^{n} A_j} \tag{4-54}$$

式中　WL——面源输出总量，t/a；

　　A_j——第 j 种土地利用面积，km^2；

　　$R_{p,j}$——第 j 种土地利用类型污染物输出率，$t/(km^2 \cdot a)$；

　　S——大气沉降率，t/a；

　　L——污染物累积量，t/a；

　　L'——污染物输出量，t/a。

4.3.2.2 不同源头减排措施的污染物物质平衡模拟

源头减排措施中污染物质的分解、吸附过程与土壤水分、温度和植物根系等有关，常采用一阶动力学方程进行刻画，即

$$\frac{dC}{dt} = \mu_{CLAY} \cdot \mu_{root} \cdot \mu_{T,N} \cdot [S \cdot k_1 + (1 - S) \cdot k_2] \tag{4-55}$$

其中　　　　　　　　　　$\mu_{CLAY} = \log(0.14/CLAY) + 1$

式中　μ_{CLAY}、μ_{root}、$\mu_{T,N}$——黏土调整系数、碳氮比调整系数和温度调整系数；

　　S、k_1、k_2——不稳定有机碳在整个碳库中的比例，不稳定碳和稳定碳的分解速率，d^{-1}。

4.3.2.3 管道系统污染物迁移转化过程模拟

管道系统污染物迁移转化过程采用分布式管段为最小计算单元进行计算，每个管段水质迁移转化基本计算方程为

$$\frac{dC}{dt} = -K_dC - K_{set}C + \sum S_{out} \qquad (4-56)$$

式中　C——河段中某种污染物的浓度；

　　　K_d——污染物降解系数；

　　　K_{set}——污染物沉降系数；

　　　t——时间；

　　$\sum S_{out}$——外部源漏项。

4.3.3　源头减排调控模块改进

我国经过近 5 年的海绵城市建设，涌现了许多具有独特下垫面特点的源头减排，如不同类型的环保型雨水口。受项目建设时间的制约，本项目仅将环保型雨水口对水量、水质的调控特征通过概化耦合到 URSAT 中。随着模型的进一步完善，将耦合更多的源头减排调控措施。

本节系统梳理了我国较为常见的环保型雨水口技术方案，并概化提出了 3 类环保型雨水口，即弃流型、截流入渗型和人工填料型雨水口。对上述 3 类环保型雨水口的主要雨水径流环节分别进行模拟概化，构建了环保型雨水口水质—水量耦合模型，并利用设计降雨数据对模型进行验证分析，评估其径流及污染减控效果，相关成果能够为环保型雨水口的规划设计与效果评估提供有效的模拟技术支撑，进而促进海绵型道路的推广应用。

4.3.3.1 弃流型雨水口

弃流型雨水口通过将初期雨水径流弃流排入污水管的方式，实现雨水径流污染控制，其主要构造自上而下依次为雨水篦子、新型截污挂篮、截流间上方雨水管和截流间底部污水管（图 4-3）。弃流型雨水口的雨水径流污染调控过程如下：雨水径流通过雨水篦子进入雨水口，经截污挂篮拦截过滤后进入截流间，初期污染物浓度较高的雨水径流由污水管排入污水处理厂进行处理，随着径流量的增加，截流间内水位上涨，降雨后期大部分水质较好的雨水径流通过雨水管排入下游河道（图 4-4）。

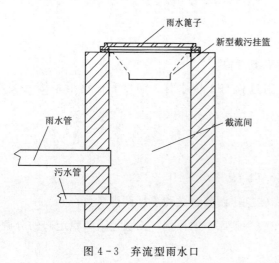

图 4-3　弃流型雨水口

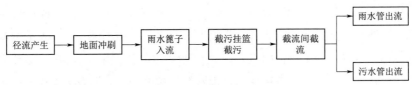

图 4-4　弃流型雨水口的雨水径流处理流程图

　　截污挂篮是环保型雨水口控制雨水径流污染的第一个环节，截污挂篮侧壁开孔，能够拦截雨水径流中的垃圾与杂物，底部设有不透水空间，可以过滤和沉淀颗粒物，起到一定的水质净化效果（Lotte 等，2017）。雨水管和污水管管径及高差是弃流型雨水口设计的重点，应根据汇水区的初期雨水特征、排水管网设计要求和污水处理厂处理能力综合确定，尽量保证大部分初期雨水径流交由污水处理厂处理，且中后期雨水径流中主要由雨水管外排，从而在有效控制初期雨水污染的前提下，不额外增加污水处理厂负荷。

4.3.3.2　截流入渗型雨水口

　　截流入渗型雨水口通过将截流的初期雨水径流由绿地土壤下渗的方式，减控雨水径流污染，主要构造包括雨水篦子、截污挂篮、截流间底部绿地土壤和溢流间底部雨水管，其中截流间和溢流间由溢流堰分开（图 4-5）。截流入渗型雨水口与弃流型雨水口有如下不同的雨水径流污染调控过程：雨水径流进入截流间后，初期雨水经过绿地土壤的净化后直接补充地下水体，随着径流量的增加，截流间内水位上涨，降雨后期大部分水质较好的雨水径流通过溢流间里的雨水管排入下游河道（图 4-6）。

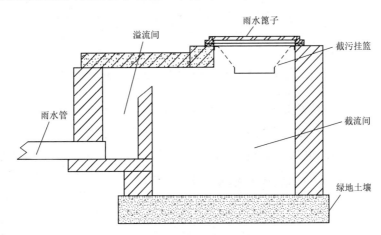

图 4-5　截流入渗型雨水口

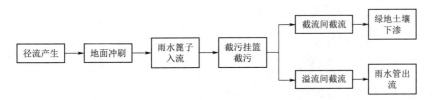

图 4-6　截流入渗型雨水口模型的雨水径流处理流程图

绿地土壤是截流入渗型雨水口减控雨水径流污染的关键环节，它通过延长雨水停留时间、物理沉淀过滤和向下渗透的方式极大程度上去除雨水中的污染物。溢流堰的高程和截流间底面积的设计不容忽视，主要根据汇水区的初期雨水特征来确定，尽量使截流间有足够的空间处理足量的初期雨水径流，以保证通过雨水管外排的是中后期较为干净的雨水径流。

4.3.3.3　人工填料型雨水口

人工填料型雨水口通过人工填料下渗的方式处理初期雨水，达到对雨水径流污染的削减效果，其主要构造包括雨水篦子、新型截污挂篮、截流间上方雨水管和截流间底部人工填料（图 4 - 7）。人工填料型雨水口不同于其他两种环保型雨水口的雨水径流污染调控过程如下：雨水径流进入截流间后，初期雨水径流经过人工填料的净化后直接补充地下水体，随着径流量的增加，截流间内水位

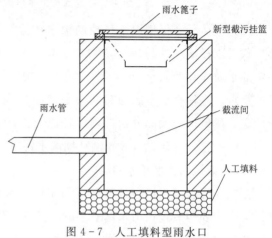

图 4 - 7　人工填料型雨水口

上涨，降雨后期大部分水质较好的雨水径流通过雨水管排入下游河道（图 4 - 8）。

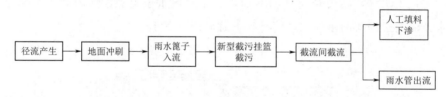

图 4 - 8　人工填料型自净保雨水口模型的雨水径流处理流程图

人工填料是人工填料型雨水口中减控雨水径流污染的关键一环，它与绿地土壤用同样的方式去除雨水径流中的污染物。雨水管的高程和截流间底面积的设计也是十分重要的，主要根据汇水区的初期雨水特征来确定，尽量确保有足够的空间来处理初期雨水，从而保证通过雨水管外排的是中后期较为干净的雨水径流。

4.3.4　模型概化

对环保型雨水口涉及的复杂径流调控与污染物削减过程分别进行模型概化，根据北京地方标准《城镇雨水系统规划设计暴雨径流计算标准》（DB11/T 969—2016），地面雨水径流量计算公式为

$$Q_1(t) = \varphi_m \cdot q \cdot F \qquad (4-57)$$

式中　$Q_1(t)$——雨水设计流量，L/s；

　　　φ_m——径流量系数；

q——设计暴雨强度，mm/h；

F——汇水区域的面积，m^2。

Metcalf 和 Eddy Inc 等人提出径流过程中不透水地表沉积物的冲刷速率与沉积的污染物量成正比。据此，将冲刷速率对时间 t 积分，即可计算地表污染物的冲刷量，计算公式为

$$M_i(t) = M_{i0}(1 - e^{-k_1 R_t}) \qquad (4-58)$$

式中　$M_i(t)$——时刻雨水径流冲刷掉的污染物 i 的量，kg；

M_{i0}——降雨开始时地表污染物 i 的量，kg；

k_1——冲刷系数（经验值），mm/s；

R_t——暴雨开始 t 时刻后的单位面积累积径流量，mm。

污染物量在径流冲刷过程中随径流量呈指数降低，进一步说明了初期雨水控制的重要性。

雨水篦子的排水能力是指其最大的瞬时排水量，可概化为一个恒定的数值，可根据所需要处理的汇水面积确定排水能力的大小。当雨水径流量大于雨水篦子的排水能力时，超出排水能力的雨水径流将在雨水篦子上形成积水。

参考 *SWMM Reference Manual Volume Ⅲ*—Water Quality 中给出的关于最佳管理实践（best management practices，BMPs）去除地表径流污染物的计算方法，截污挂篮的截污作用可以利用 BMPs 去除因子来概化截污挂篮的截污作用，公式为

$$M_{is}(t) = (1 - C_i) \cdot M_i(t) \qquad (4-59)$$

式中　$M_{is}(t)$——t 时刻雨水径流经过截污挂篮后污染物 i 的量，kg；

C_i——污染物 i 的 BMPs 去除因子。

截污挂篮拦截污染物的质量是有限的，拦截污染物的质量是由污染物的密度和截污挂篮底部的不透水体积决定的。也就意味着当截污挂篮拦截的底部装满了污染物时，截污挂篮将不能再起到截污的作用。截污挂篮拦截的最大截污量为

$$M_{smax} = \rho V_0 \qquad (4-60)$$

式中　M_{smax}——截污挂篮拦截的最大截污量，kg；

ρ——污染物的平均密度，kg/m^3；

V_0——截污挂篮底部的不透水体积，m^3。

当管口处的外排径流流量较小，且水深低于管顶高度时（即非满管流），雨水径流以堰流形式流出管口。此时，管口处的流量过程计算公式为

$$Q_2 = C_w W H_1^{1.5} \qquad (4-61)$$

式中　Q_2——入流量，m^3/h；

C_w——堰流综合流量系数，$m^{0.5}/s$；

W——水流与固体边界接触部分的周长，m；

H_1——淹没管口的高度，m。

当雨水径流完全淹没管口的情况下，管口流量按照孔口流量公式计算，此时，计算公式为

$$Q_2 = C_0 A (2gH_2)^{0.5} \tag{4-62}$$

式中　C_0——孔口流综合流量系数；

　　　A——管口面积，m^2；

　　　H_2——管口中心处水深，m；

　　　g——重力加速度，m/s^2。

1. 绿地土壤下渗

Horton 方法属经验下渗公式，其一般形式能较好地概化降雨强度总是超过下渗能力的情形。在大多情形下雨水口内部单位面积的雨水入流量总是超过绿地土壤下渗能力，所以用 Horton 公式计算的下渗能力为

$$f(t_1) = f_\infty + (f_1 - f_\infty) e^{-k_d t_1} \tag{4-63}$$

式中　$f(t_1)$——在 t_1 时刻的下渗能力，m/h；

　　　f_∞——$f(t_1)$ 的最小或者平衡值（在 $t_1 = \infty$ 时），m/h；

　　　f_1——$f(t_1)$ 的最大或者初始值（在 $t_1 = 0$ 时），m/h；

　　　t_1——雨水累积下渗的时间，h；

　　　k_d——下渗能力衰减系数，h^{-1}。

Horton 下渗公式的积分形式为

$$F(t_1) = \int_0^{t_1} f_p \, \mathrm{d}t_2 = f_\infty t_p + (f_0 - f_\infty)(1 - e^{-k_d t_1})/k_d \tag{4-64}$$

式中　$F(t_1)$——时刻 t_1 的累积下渗量，m。

2. 人工填料下渗

人工填料有颗粒直径大、孔隙度高、蓄水能力较差的特点，其下渗能力不会随着下渗量的增加而发生太大的变化，有稳定的下渗能力。因此，将人工填料的下渗速率概化成常数，其大小和人工填料的结构和配料有关。可以得到人工填料的累积下渗量为

$$F(t_1) = f_2 t_1 \tag{4-65}$$

式中　$F(t_1)$——在 t_1 时刻的累积下渗量，m；

　　　f_2——人工填料的稳定下渗速率，m/h。

3. 绿地土壤和人工填料的净化能力

参考 *SWMM Reference Manual Volume Ⅲ—Water Quality* 中给出的关于 BMPs 去除地表径流污染物的计算方法，可以用 BMPs 去除因子来概化绿地土壤和人工填料净化能力，公式为

$$MP_i(t_1) = (1 - R_i) MI_i(t_1) \tag{4-66}$$

式中　$MP_i(t_1)$——时刻 t_1 污染物 i 经净化后的浓度，g/L；

R_i——污染物 i 的 BMPs 去除因子；

$MI_i(t_1)$——时刻 t_1 污染物 i 在截流间内的浓度，g/L。

4.4 模拟效果评估和参数优化算法耦合

目前 SWMM 等城市雨洪模型缺乏参数自动优化等功能，参数优选只能利用手动挑参的手段进行优化，效率低，效果也较差。URSAT 模型耦合了随机优选、遗传算法和 SCE - UA 算法等，实现了海绵城市模型与自动优化算法的耦合，大大提高了模型优选效率和模拟效果。

4.4.1 模拟效果评估

模型模拟效果主要是通过模型模拟结果和实测值的吻合程度。评估指标常采用偏差、均方根误差、相关系数、效率系数、效率系数、确定性系数和体积误差等。具体公式如下：

（1）偏差：

$$bias = \frac{\sum_{i=1}^{N}(O_i - S_i)}{\sum_{i=1}^{N}O_i} \tag{4-67}$$

（2）均方根误差：

$$RMSE = \sqrt{\frac{\sum_{i=1}^{N}(O_i - S_i)^2}{N}} \tag{4-68}$$

（3）相关系数：

$$r = \frac{\sum_{i=1}^{N}(O_i - \overline{O}) \cdot (S_i - \overline{S})}{\sqrt{\sum_{i=1}^{N}(O_i - \overline{O})^2 \cdot \sum_{i=1}^{N}(S_i - \overline{S})^2}} \tag{4-69}$$

（4）效率系数：

$$NSE = \frac{\sum_{i=1}^{N}(O_i - S_i)^2}{\sum_{i=1}^{N}(O_i - \overline{O})^2} \tag{4-70}$$

（5）确定性系数：

$$R^2 = \frac{\left[\sum_{i=1}^{N}(O_i - \overline{O})(S_i - \overline{S})\right]^2}{\sum_{i=1}^{N}(O_i - \overline{O})^2 \cdot \sum_{i=1}^{N}(S_i - \overline{S})^2} \tag{4-71}$$

（6）体积误差：

$$VE = \frac{\overline{S} - \overline{O}}{\overline{O}} \times 100\% \tag{4-72}$$

式中 O_i、S_i——第 i 个观测值和模拟值；

$\overline{O}$、$\overline{S}$——观测和模拟的平均值；

N——时间序列长度。

其中，偏差和均方根误差越接近 0 越好，相关系数、确定性系数和效率系数越接近 1 越好。体积误差主要评价径流总量是否一致，一般体积误差不超过 $\pm25\%$，则认为模型水量基本平衡，模型基本适用。

4.4.2 模型优化算法

1. 随机优选

随机优选主要是采用蒙特卡洛采样算法在参数取值范围内随机生成一定数量的参数组，驱动 URSAT 模型，获得各组参数对应的目标函数；通过对比目标函数值获得模型的最优参数组。随机优选需要生产海量的参数组，并没有一定的寻优规律，也导致效率较低。

2. 遗传算法

遗传算法（Genetic Algorithm，GA）是处理不可微非线性函数优化问题的通用方法，通过借鉴生物界的自然规律及进化过程来搜索模型所需最优解。它是由美国的 J. Holland 教授于 1975 年首次提出，其主要特点是直接对结构对象进行操作，不存在求导和函数连续性的限定，采用概率化的寻优方法，自动搜索最优化的变量。遗传算法已经被广泛应用于组合优化、人工智能、水文学等领域。

遗传算法的特点有：①遗传算法从串集开始搜索，覆盖面广，利于全局选优；②遗传算法可以对空间内多个解进行评估，减少了陷入局部最优解的困境；③遗传算法不是采用确定性规则，而是采用概率的变迁规则进行搜索；④具有自适应、自学习和自组织性，在遗传算法利用进化过程自行搜索时，适应度较高的个体具有很大的生存概率，并且随之获得适应搜索环境的基因结构等。

3. SCE - UA 算法

SCE - UA（Shuffle Complex Evolution）算法是美国亚利桑那州大学水文与水资源系 Duan 等于 1992 年提出的一种有效地解决非线性约束最优化问题的进化算法。该算法将单纯形法、随机搜索和生物竞争进化等方法的优点结合在一起，可以快速并准确地搜索水文模型参数的全局最优解，在连续型流域水文模型参数优选中应用广泛。SCE - UA 算法的主要优点有：在多个搜索区域内获得全局收敛点、能够避免陷入局部最小点、有效表达不同参数的敏感性和参数间的相关性、能够处理多维参数问题等。

其基本原理和步骤如下：

（1）数据初始化。假定是 n 维空间，选择参与优选的复杂形的个数为 $p(p\geqslant1)$ 和每个复杂形的顶点个数为 $m(m\geqslant n+1)$，然后计算样本顶点的个数 $s=pm$。

（2）生成样本点。在有效区域内生成 s 个样本点 $x_1,x_2,\cdots,x_s$，然后计算 x_i 的函数值 $f(x_i)$，$i=1$，2，$\cdots$，s。

（3）样本点排序。将所有样本点升序排列，并记作 $D=\{(x_i,f_i)$，$i=1$，2，…，$s\}$，其中 $f_1\leqslant f_2\leqslant\cdots\leqslant f_s$。

（4）划分复杂形群体。将 D 划分为 p 个复杂形 A_1,…,A_p，每个复杂形含有 m 个点，表示为 $A^k=\{x_j^k,f_j^k\mid x_j^k=x_{k+p(j-1)},f_j^k=f_{k+p(j-1)},j=1,2,\cdots,m\}$。

（5）复杂形进化。按照竞争的复杂形进化算法（CCE）分别进化每个复杂形 $A^k,k=1,2,\cdots,p$。

（6）复杂形掺混。将进化后的复杂形个体再进行升序排列，形成新的复杂形群体，将该群体记为 D。

（7）检验收敛性。如果满足收敛条件，停止运行；不满足则重复步骤（4）。

4.5 LID 方案优化算法耦合

LID 方案优化算法也采用自动优化算法，生成不同 LID 措施的多种方案，驱动 UR-SAT 模型，计算控制目标函数（常用年径流总量控制率、SS 削减率等），使目标函数最优即可。LID 措施主要工程设施有：透水铺装、绿色屋顶、下沉式绿地、生物滞留设施、渗透塘、渗井、湿塘、雨水湿地、蓄水池、雨水罐、调节池、植草沟、渗管、植被缓冲带、初期雨水弃流设施、人工土壤渗滤等。

以年径流总量控制率为例，LID 的主要目的是降低地表产流量，实现年径流控制率目标对应降雨条件下各地块产流量不外排。其目标函数表达式为

$$f_{obj}=(c_1,c_2\cdots,c_j,\cdots,c_n)\to\min \qquad j\leqslant n \tag{4-73}$$

式中 f_{obj}——总目标函数；

c_j——第 j 个地块径流系数；

n——总地块数。

主要约束条件

$$\begin{cases} Area_j\geqslant Area_{下沉式绿地,j}+Area_{透水铺装,j}+Area_{绿色屋顶,j}+Area_{其他,j} \\ Area_{下沉式绿地,j}\leqslant\eta_{绿地}\cdot Area_{绿地,j} \\ Area_{透水铺装,j}\leqslant\eta_{不透水路面}\cdot Area_{不透水路面,j} \\ Area_{绿色屋顶,j}\leqslant\eta_{屋顶}\cdot Area_{屋顶,j} \\ 0.0\leqslant c_i\leqslant1.0 \\ 其他面积约束、成本约束等 \end{cases} \tag{4-74}$$

式中 $Area$——地块面积，km^2；

$Area_{下沉式绿地}$、$Area_{透水铺装}$、$Area_{绿色屋顶}$、$Area_{绿地}$、$Area_{不透水路面}$、$Area_{屋顶}$ ——下沉式绿地、透水铺装、绿色屋顶、绿地、不透水路面和屋顶的面积，km^2；

$\eta_{绿地}$、$\eta_{不透水路面}$ 和 $\eta_{屋顶}$——绿地、不透水路面和屋顶采用低影响开发措施占总地块面积的阈值。

优化目标的求解通常采用计算机优化方法，包括随机优选、遗传算法、粒子群算法等。

4.6　平台开发

本研究构建的 URSAT 模型在 SWMM 模型已有模块的基础上，对产流计算、LID 模拟和水质模拟等模块进行优化改进，研发参数优化和 LID 方案优化模块进行界面开发，集成构建一套海绵城市模拟系统。最终形成城市统一的涉水管理平台，能够有效量化洪涝风险，评估城市水旱灾害防御能力，支撑海绵城市建设、评估、运维；制定、校核城市防汛预案，完善城市防汛应急指挥体系；验证与优化城市排水、防洪、防涝规划方案。

4.6.1　体系架构

URSAT 城市雨洪模拟和管理平台体系架构见图 4-9，其由城市水文模拟数据库、城市水文模拟系统及城市水文模拟系统应用分析三部分组成。城市水文模拟数据库是整个平台的基础，存储各类基础数据、实时监测数据与模型相关数据，在此基础之上，可以进行数据仓库的建设，可实现大数据在城市水文模拟过程中的应用落地；模型计算、平台运行需要一些基础支撑技术作为保障，包括数据挖掘、数据共享、人工智能、动力统计、数值产品释用、集成预报等，今后仍可继续扩展，以保持平台的活力与先进性；在线模拟系统包括下垫面产流子模型、管网/河道汇流子模型、基于关键节点的城市水文化单元嵌套耦合模拟技术、以实测—模拟数据数据融合为核心的模型参数优化技术、地表漫流子模型等，构建完成后可进行城市水文过程的模拟，并提供相应的应用分析手段，以满足各种业务场景下的使用需求。

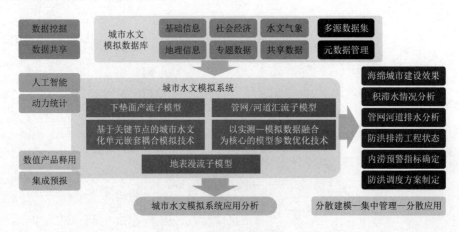

图 4-9　URSAT 城市雨洪模拟和管理平台体系架构图

4.6.2 功能结构

URSAT 城市雨洪模拟和管理平台以业务功能为划分标准，将系统划分为项目管理、数据计算、数据展示、参数优化、LID 方案优化、系统管理六个模块，通过业务逻辑将各模块独立出来，平台功能结构见图 4-10。

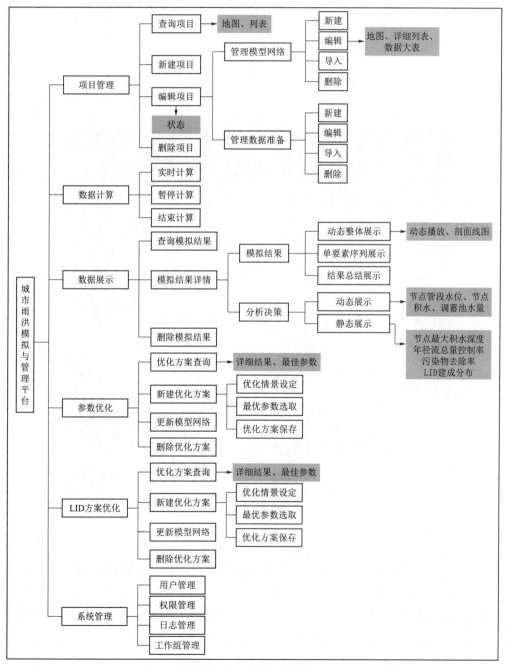

图 4-10　平台功能结构

4.6.3 技术路线

根据业务需求、功能需求、性能需求，以及从外部接口、内部接口、功能、性能和安全等角度分析总结系统的软件需求。基于多智能体技术，分析平台中的模块组成、模块层次和分层控制关系，通过同化子系统和可视化技术完成模型集成及可视化平台。

4.6.3.1 技术架构

从技术架构上，将平台分为数据中心、模型系统和前端的网页展示系统。其技术架构见图 4-11。

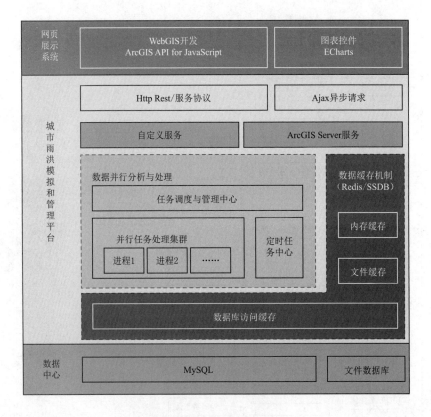

图 4-11 平台技术架构

（1）数据中心主要是对现有地图和业务数据的存储管理。其中，MySQL 存储业务数据；文件数据库主要存储一些矢量 GIS 数据。

（2）平台主要进行数据的分析与处理，并提供 GIS 分析和地图服务。其主要包含数据缓存机制、数据并行分析与处理、服务与协议三个部分。

1）数据缓存机制采用主流的 Redis/SSDB 的缓存机制，以提高数据交换的效率，并提供对临时业务数据的存储管理。

2）数据并行分析与处理，主要完成数据的查询和分析。为了充分利用硬件资源，更高效地提供数据处理能力，平台采用并行任务集群架构方案，其支持多进程的任务注册、调度与管理，可以是单机多进程集群，也可以是多机多进程的集群。

3）通信服务主要提供地图 API 接口服务和地图发布服务。

平台基于面向服务的架构（Service - Oriented Architectwe，SOA），各模块松耦合，且其充分考虑了未来海量业务数据和更大规模用户并发访问的直接系统升级和扩展。

（3）网页展示系统提供 WebGIS 业务展示功能，基于成熟的 ArcGIS API for JavaScript 进行二次开发，支持专业的 GIS 功能，并基于主流的 Echarts 进行统计图表的插件式集成，从而提供完整的业务查询与综合展示。

4.6.3.2 开发方法

SWMM 计算模型部分采用 C、C＋＋语言进行开发升级，平台建设后台语言选用 Java。

Java 是一种可以撰写跨平台应用软件的面向对象的程序设计语言。Java 技术具有卓越的通用性、高效性、平台移植性和安全性，广泛应用于 PC、数据中心和互联网等。

Java 由 Java 编程语言、Java 文件格式、Java 虚拟机（JVM）和 Java 应用程序接口（Java API）四个方面组成，它不同于一般的编译执行计算机语言和解释执行计算机语言。它将源代码编译成二进制字节码（bytecode），然后依赖各种不同平台上的虚拟机来解释执行字节码，从而实现了"一次编译、到处执行"的跨平台特性。

编辑 Java 源代码可以使用任何无格式的纯文本编辑器，在 Windows 操作系统上可以使用微软记事本（Notepad）、EditPlus 等程序，在 Linux 平台上可使用 vi 工具等。因为 Java 程序严格区分大小写，因此在编辑 Java 文件时，应注意程序中单词的表达方式。在编写好 Java 程序的源代码后，就可以通过编译该 Java 源文件来生成字节码。

Java 是一个纯粹的面向对象的程序设计语言，它在继承了 C＋＋语言面向对象技术的核心的同时舍弃了 C 语言中容易引起错误的指针（以引用取代）、运算符重载（operator overloading）、多重继承（以接口取代）等特性，增加了垃圾回收器功能用于回收不再被引用的对象所占据的内存空间。它具有简单易学、强制面向对象、安全可靠及移植性高的特点。

4.6.3.3 开发环境

系统开发拟采用 Eclipse、Tomcat、JDK 组成的环境，但开发者可根据个人习惯自行选择，开发环境见表 4 - 1。

表 4-1   开 发 环 境

序号	软件项名称	版本	用途和备注
1	Eclipse	Eclipse juno	Java IDE
2	Tomcat	Tomcat 8	Web 应用服务器
3	JDK	JDK1.8	Java 运行环境

4.6.4 功能交互界面

URSAT 城市雨洪模拟和管理平台包括项目管理、数据计算、数据展示、参数优化、LID 方案优化、系统管理六个模块。

1. 项目管理

项目管理模块负责项目的管理与准备构建过程，是模型能够正确计算的重要保障，也是用户交互最为频繁的模块。目前项目生成有基于人工绘制网络及基于 GIS 地理信息数据导入自动生成两种方案。

项目管理模块包括新建项目、查询项目、编辑项目、删除项目功能，可根据用户权限对项目进行锁定/解锁操作，在编辑项目功能模块需还原并扩展 SWMM 模型建模方式及流程，在此基础上引入地图展示效果、支持 shape file 文件导入构建模型网络、支持导入文本文件进行数据准备工作。其中，项目管理—项目列表界面见图 4-12，项目管理—降水事件界面图 4-13，项目管理—气象事件界面见图 4-14，项目管理—模型网络—节点详情信息数据列表界面见图 4-15，项目管理—模型网络—子汇水区详细信息界面见图 4-16，项目管理—模型网络—模型网络信息导入界面见图 4-17，项目管理—模型网络展示界面见图 4-18。

图 4-12　项目管理—项目列表界面

图 4-13 项目管理—降水事件界面

图 4-14 项目管理—气象事件界面

图 4-15 项目管理—模型网络—节点详情信息数据列表界面

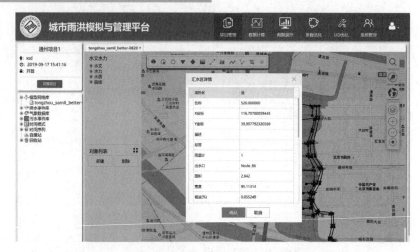

图 4-16 项目管理—模型网络—子汇水区详细信息界面

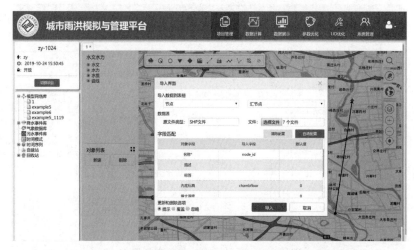

图 4-17 项目管理—模型网络—模型网络信息导入界面

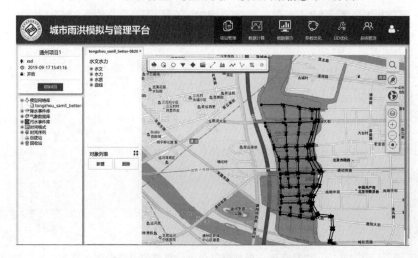

图 4-18 项目管理—模型网络展示界面

2. 数据计算

数据计算模块负责模型的模拟计算过程。为了提升用户体验效果、提升计算效率，支持多网络多降水事件的排列组合计算方式，满足用户以少量操作进行多次模拟的需求。模型模拟计算过程中，应实现对计算流程的控制，包括暂停、结束、失败原因提示、失败过程重新计算、删除计算等操作。其中，数据计算—计算准备界面见图4-19，数据计算—计算成功界面见图4-20。

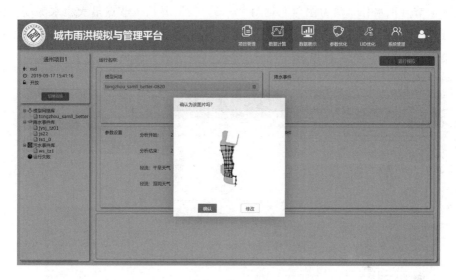

图4-19　数据计算—计算准备界面

图4-20　数据计算—计算成功界面

3. 数据展示

数据展示是对模拟结果的管理，包括查询模拟结果、删除模拟结果、查看模拟结果详情信息。模拟结果详情信息除了可以展示模型网络模拟过程中的详细信息外，还需对业务部门提供分析决策支持功能。从展示方式上详情信息可分为两大类：节点最大积水深度、年径流总量控制率、污染物去除率、LID建成分布以静态效果展示；节点/管段水位、节点积水、调蓄池水量状态以动态效果进行展示。其中，数据展示—模拟结果列表界面见图4-21，数据展示—模拟结果详细信息动态播放界面见图4-22，数据展示—单元素过程结果展示界面见图4-23，数据展示—节点/管段水位动态播放界面见图4-24，数据展示—节点积水分布热力图界面见图4-25，数据展示—节点最大积水深度界面见图4-26，数据展示—调蓄池水量状态动态播放界面见图4-27，数据展示—年径流总量控制率结果界面见图4-28，数据展示—LID建成分布结果界面见图4-29。

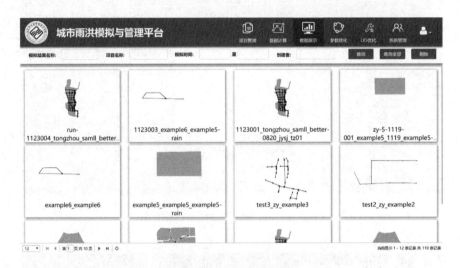

图4-21 数据展示—模拟结果列表界面

图4-22 数据展示—模拟结果详细信息动态播放界面

图 4 - 23　数据展示—单元素过程结果展示界面

图 4 - 24　数据展示—节点/管段水位动态播放界面

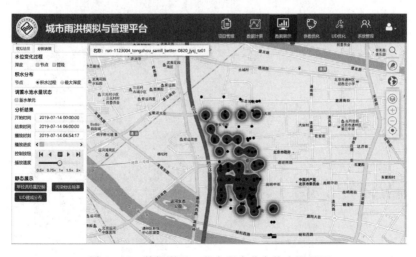

图 4 - 25　数据展示—节点积水分布热力图界面

图 4-26　数据展示—节点最大积水深度界面

图 4-27　数据展示—调蓄池水量状态动态播放界面

图 4-28　数据展示—年径流总量控制率结果界面

图 4-29　数据展示—LID 建成分布结果界面

4. 参数优化

参数优化是对优化方案的管理，包括优化方案查询、新建优化方案、用生成的最优方案更新模型网络、删除不需要的优化方案。新建优化方案整体流程为：优化情景设定、进行优化计算过程、从优化结果中筛选最优参数方案、最优方案保存。其中，参数优化—优化结果数据列表界面见图 4-30，参数优化—优化详情界面图 4-31。

图 4-30　参数优化—优化结果数据列表界面

5. LID 方案优化

与参数优化类似，LID 方案优化是对优化方案的管理，包括优化方案查询、新建优化方案、用生成的最优方案更新模型网络、删除不需要的优化方案。新建优化方案整体流程为：优化情景设定、进行优化计算过程、从优化结果中筛选最优参数方案、最优方案保存。其中 LID 优化—优化结果数据列表界面见图 4-32，LID 优化—优化结果数据列表界面见图 4-33。

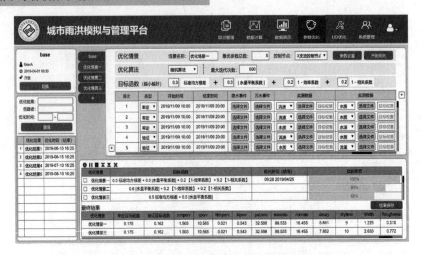

图 4-31　参数优化—优化详情界面

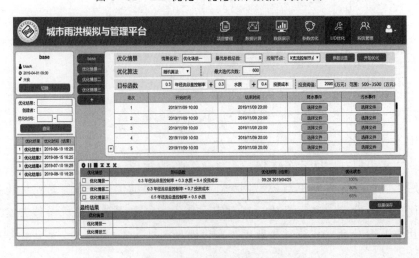

图 4-32　LID 优化—优化结果数据列表界面

图 4-33　LID 优化—优化结果数据列表界面

6. 系统管理

系统管理模块应提供平台的基础管理支持，包括用户管理、权限管理、日志管理、工作组管理等功能。其中，系统管理—用户管理界面见图4-34。

图4-34　系统管理—用户管理界面

4.7　本章小结

（1）对城市雨洪模型的降雨—径流过程、城市面源、水质等方面模拟进行改进；针对我国海绵城市建设特点，扩展已有源头减排措施调控模块的模拟功能；同时耦合常用的模拟效果评估指标（偏差、均方根误差、相关系数和效率系数等）和自动优化算法（随机优化、遗传算法和SCE-UA算法等），实现模型多指标多区域的参数自动优选，大大提高模型模拟精度和参数优化效率；最终形成具有中国海绵城市特点的城市降雨—径流模拟和分析工具URSAT。

（2）以URSAT模型为核心研发了一套海绵城市模拟系统。最终形成城市统一的涉水管理平台，能够有效量化洪涝风险，评估城市水旱灾害防御能力，支撑海绵城市建设、评估、运维；制定、校核城市防汛预案，完善城市防汛应急指挥体系；验证与优化城市排水、防洪、防涝规划方案。

第 5 章

基于情景模拟的海绵城市建设效果评估

本章利用上文开发的 URSAT 城市雨洪模拟和管理平台对北京城市副中心海绵城市建设区进行情景模拟，并分析海绵城市的建设效果。

5.1 北京城市副中心海绵城市建设区概况

5.1.1 区位条件

北京城市副中心海绵城市试点区位于北京市通州区，北京市于 2016 年成为全国第二批海绵城市试点建设城市，并在北京通州区的市政府办公区一带规划试点区。

试点区西南起北运河，北到运潮减河，东至春宜路，总规划面积 19.36km²，包括已建区、新建区两部分。由于研究区内东侧人大新校区及其附属设施尚未建成，本书将海绵城市试点区除人大新校区部分划定为研究区域，总面积 16.34km²，研究区边界范围见图 5-1。

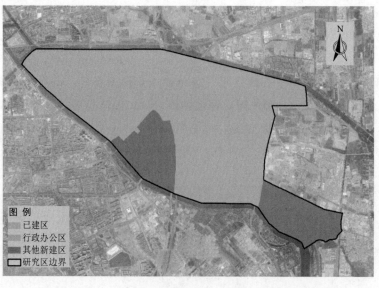

图 5-1 研究区边界范围

研究区可分为已建区、行政办公区和其他新建区三部分。已建区位于研究区内东六环以西，北至运潮减河，东临东六环路，西南侧为北运河，规划面积 $5.11km^2$，包含 $0.37km^2$ 的水域面积。新建区包括行政办公区及其他新建区，行政办公区占地 $7.8km^2$，其他新建区面积 $3.36km^2$，主要为杨陀村及大营村周边地区，分别位于行政办公区东西两侧。已建区的现状主要下垫面包括居住用地、公共设施用地、商业服务业设施用地、绿地与广场用地等。

行政办公区现状下垫面主要包括农田、村庄建设用地、城镇建设用地和道路用地等，其中村庄和城镇等建设用地大部分已经完成拆迁，仅保留东北部的中学和两块居住用地。

目前行政办公区已先期建设了行政办公区"四大四小工程项目"，总用地面积为 $1.12km^2$。其他新建区的现状下垫面主要为农田、村庄等，已基本完成拆迁。研究区规划土地利用类型主要涉及的下垫面类型包括道路、绿地、建筑、水域、裸地等，其中已建区主要为建筑小区，行政办公区为建筑和公园绿地，其他新建区则为裸地和建筑小区。

5.1.2 气候特征

研究区气候属温带大陆性半湿润季风气候区，多年平均日照 2349.3h，年平均气温 14.6℃，多年平均降水量和蒸发量分别为 535.9mm 和 1308mm。研究区的大部分年份，7 月、8 月的月均蒸发量小于月均降雨量，其余月份月均降雨量小于蒸发量。北京汛期为每年的 6—8 月，北京汛期降水量占全年总降水量的 80% 以上，暴雨频发，易产生洪涝灾害。通州区多年平均气温为 11.7℃，月平均气温最高为 26.0℃，最低为 −4.7℃，分别发生在 7 月和 1 月，最高和最低月平均气温温差为 30.7℃。

5.1.3 地形地质

研究区位于潮白河和永定河的冲积平原带，整体地势呈现西北高、东南低的态势，整体坡降在 0.3‰ 到 0.6‰ 之间，局部地区有一定的起伏，地面高程在 19~28m 之间，高差 9m。

对研究区内东果园北街、北运河东滨河路、芙蓉东路和水仙东路等四条道路进行地质勘测，结果显示：研究区土质主要包括粉质黏土、细砂、中砂、粗砂等，综合竖向渗透系数根据不同土质分布厚度有所区别，介于 2.72×10^{-6} cm/s 与 1.58×10^{-3} cm/s 之间（表 5−1）。

表 5−1　　　　　　　　　　　　　勘测道路渗透系数统计表

道路名称	钻孔编号	综合竖向渗透系数/(cm/s)	道路名称	钻孔编号	综合竖向渗透系数/(cm/s)
东果园北街	1	2.96×10^{-5}	芙蓉东路	1	2.19×10^{-5}
	2	3.83×10^{-4}		2	5.31×10^{-4}
	3	2.72×10^{-6}		3	1.58×10^{-3}

道路名称	钻孔编号	综合竖向渗透系数/(cm/s)	道路名称	钻孔编号	综合竖向渗透系数/(cm/s)
	1	$1.00×10^{-6}$		1	$2.08×10^{-5}$
北运河东滨河路	2	$6.13×10^{-4}$	水仙东路	2	$4.06×10^{-5}$
	3	$1.41×10^{-3}$		3	$2.09×10^{-5}$

　　研究区行政办公区及其东侧地区在建设前属于未开发地区，土地利用类型和开发程度相近，土壤渗透情况相似。在行政办公区内开展的岩土工程勘察数据显示，行政办公区内的地表岩性呈现出比较明显的分层特性：土壤深度 0～8m 范围内，以粉质黏土为主，渗透性较差；地表以下 8～20m 范围内，以细砂、中砂为主，渗透性相对较好。行政办公区土壤勘测渗透系数见表 5-2。

表 5-2　　　　　　　　　行政办公区土壤勘测渗透系数表

地表深度	渗透系数/(cm/s)	地表深度	渗透系数/(cm/s)
0～8m	$1.2×10^{-6}～6.0×10^{-4}$	8～20m	$1.2×10^{-3}～2.4×10^{-2}$

5.1.4　地下水

　　研究区位于北运河东北向，区域内地下水自北向南流动。根据已建区内东果园北街、北运河东滨河路、芙蓉东路和水仙东路等四条道路的勘测报告显示，地下水初见水位埋深在 10.50～14.00m 之间，稳定水位埋深在 9.30～13.50m 之间（表 5-3）。

表 5-3　　　　　　　　　道路地勘地下水位统计表

道路名称	初见水位埋深/m	稳定水位埋深/m
东果园北街	11.70～14.00	11.40～13.50
北运河东滨河路	11.50～12.50	11.00～11.80
芙蓉东路	10.50～12.90	9.30～12.00
水仙东路	10.50～11.50	10.00～10.80

5.1.5　河流水系

　　研究区内有北运河和运潮减河两条河道水体，图 5-2 分别为北运河和运潮减河河道现状。北运河上源为温榆河，北关闸以下称北运河，北运河纵穿通州中东部，在通州境内长 41.9km，流域面积 1945km²，承担着北京城区 90% 的排水任务。汛期（6—9月）径流量占全年径流量的 70% 左右。运潮减河与京杭大运河同自通州北关源水岛，是连接北运河与潮白的人工排水河道，也是北京市东郊主要分洪河道，全长 11.5km，流域面积 20km²，位于通州东部。此外，行政办公区修建有丰字沟河道 3.5km，连接北运河和运潮减河。

（a）北运河

（b）运潮减河

图 5-2　北运河及运潮减河现状

5.1.6　管网现状

　　研究区内已建区主要为雨污合流的现状管网，新建区主要为雨污分流的在建管网。研究区内管网总长度 60.94km，其中已建区管网长度为 23.08km，最大断面规格为 5200mm×2000mm，最小断面规格为 1600mm×1600mm，其余管线为圆形断面排水管线。行政办公区管网长度为 31.23km，其他新建区管网长度为 6.63km。图 5-3 为研究区管网分布图，其中 S1～S8 为研究区排水分区编号，每个排水分区代表一个相对独立的排水单元。

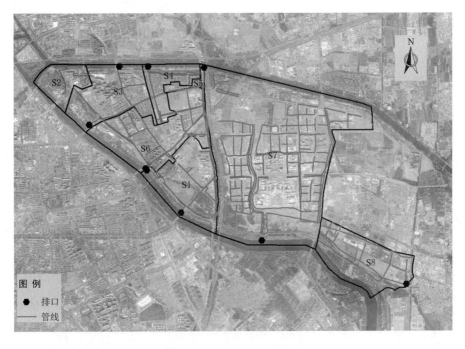

图 5-3　研究区管网分布图

S1 排水分区排口为运河东大街排口,收集排放 S1 排水分区的雨水,为雨污分流制管网,为管径 3.2m×2m 的雨水方涵,为淹没出流。

S2 排水分区排口排向北运河,为管径 2.4m×1.6m 的雨水方涵,排水分区内建有小型污水处理站,用于处理该区域居民生活污水,现状污水处理厂处理能力较低,仅为1000t/d,日常运行情况为 800～900t/d。

S3 南侧排口为通胡大街排口,收集排放 S3 排水分区的雨、污水,管径为 3.2m×2m的雨水方涵,为淹没出流,排口处设有截污格栅,该排口上游管段为雨污合流管,目前该排口已被北运河一侧截污管线截流旱季污水量。

S4 排水分区北侧排口主要收集 S4 分区内雨、污水,为管径 1.5m 的排水圆管,该排口上游管段为雨污合流管,目前该排口已被运潮减河一侧截污管线截流旱季污水量,现状为自由出流,当运潮减河水位升高时,会变为淹没出流方式,排口末端设有鸭嘴阀,防止运潮减河水位升高引起河水倒灌现象。

S5 北侧排水口收集排放 S5 排水分区的雨水,为管径 3.2m×1.6m 的雨水方涵,为淹没出流。

S6 排水分区有两个排口,一个为下凹桥积水点排口,用来收集下凹桥积水,管径为2m,排口处设有防倒灌拍门。另一个为 S6 片区玉带河大街排口,收集排放 S6 排水分区雨、污水,为双孔管涵排口淹没出流,每个管涵管径为 2.8m×2m,排口处设有截污格栅,该排口上游管段为雨污合流管。目前该排口已被北运河一侧截污管线截流旱季污水量。

S7 南侧排口为行政办公区排水出口,行政办公区新挖丰字沟并在两侧修建排水暗涵,雨水皆流入丰字沟,最终排入北运河。

S8 东侧排口为收集排放 S8 排水分区的雨水,此区域为雨污分流区域,管径3.8m×2.2m。

此外,通州区于 2016－2017 年黑臭水体治理工程中将现有排水口做截流处理,已在运潮减河北侧、东六环西侧、北运河东侧修建截污干管,用于截流和输送现状旱季污水至下游河东再生水厂,共有污水管线 7 条,约 8.5km,管径为 400～1500mm。

5.2 海绵城市模拟模型构建

5.2.1 模型构建范围和基础资料

模型构建范围为北京城市副中心海绵城市示范区,具体的边界范围、下垫面及排水分区划分、排水管网和示范工程建设情况等基础信息见 5.1 节。

模型数据类型及用途见表 5-4,模型构建所需的基础数据主要包括基础地理数据、排水管网数据、海绵设施数据和气象监测数据。数据主要通过设备监测、实地调研、现场勘探、项目采购、人工采样等方式获得。同时，对收集的数据进行检查，主要措施包括：鉴别数据异常值，并进行修正；检验系统的拓扑关系，通过现场调研修正；识别缺失数据，若不能补测，进行数据合理性推断。

表 5-4　　　　　　　　　　　　模型数据类型及用途

类别	数据名称	详 细 内 容	用 途
基础地理数据	下垫面数据	土地利用状况 土壤渗透属性	产流表面面积
	遥感影像数据	卫星遥感影像、航空影像	用以识别地物、划分排水分区等
	地面高程数据（DEM）	地表高程信息	划分子集水区
排水管网数据	管网测绘数据	节点和管道的测绘数据	
	管道运行状态	管道淤积、泵站和闸门运行规则	产汇流模型构建
	其他	人口普查数据	
海绵设施数据	设施种类	研究区的海绵工程类型	SUDS（Sustainable Urban Drainage Systems）模块构建
	工程分布	海绵工程分布图	
	设计参数	海绵设工程参数	
气象监测数据	降水、气温等	5min 降水、日气温最高值、最低值、最大相对湿度、最小相对湿度、平均大气压强、平均风速、地表净辐射、土壤热通量	产流模型构建

1. 基础地理数据

下垫面数据主要来源包括测绘地形图、土地利用现状图或规划图、土壤类型图等。在基础地形数据不够完整时，依据高分辨率的遥感影像数据，通过解译获取排水单元下垫面参数。

地表高程数据：DEM 栅格数据分辨率 5m×5m，建设后高程数据可以按照设计施工图在原有地形基础上修改，高程信息须在一个统一高程系统内，数字高程图比例尺精度高于 1∶2000。

土地利用类型：涵盖绿地、裸地、水体、屋顶、道路、广场、典型海绵措施等典型的下垫面类型及其分布。

遥感影像数据：卫星遥感影像精度不低于 5m×5m，航空影像精度不低于 1m×1m。

土壤类型数据：涵盖主要土壤类型、土壤质地、典型土壤剖面的机械组成信息，比例尺的精度高于 1∶2000。

2. 排水管网数据

排水管网数据采用最新的管网普查数据，根据实际情况增补普查后新建、改建管线的竣工资料数据。对于缺失或可疑的数据经现场踏勘补测获取，或者根据经验选用。

排水管网数据：检查井编号、检查井井底高程、管道形状、管道直径、管道糙率、上下游管底高程等。

管网附属构建物：研究区域内附属构建物，包括溢流堰、调蓄池、泵等的相关信息。

管道实际运行状态：沉积物厚度、泵站和闸门的运行规则。

其他：已建区的人口普查数据、每人每天污水量数据。

3. 海绵设施数据

海绵设施种类：研究区所涉及的海绵设施种类，如绿色屋顶、雨水花园等。

海绵设施布局：研究区海绵设施的建设规模、布设位置等。

海绵设施设计参数：蓄水层厚度、是否有排水暗管、土壤类型等。

4. 气象监测数据

本章所采用的实测降雨数据由通州区自来水厂的小型气象站监测以及通州区周边气象站降雨数据基于泰森多边形加权算法获得，时间分辨率为 5min，时间序列为 2008—2020 年。降雨资料主要用于评价海绵城市径流总量控制率及污染负荷削减的长期运行效果、为模型提供输入量以及模型参数的率定和校验。

通州区气象站提供日气温最高值、最低值、最大相对湿度、最小相对湿度、平均大气压强、平均风速、地表净辐射、土壤热通量等参数，用于计算地表蒸散发；还提供了月均蒸发量数据，蒸发仅在长历时模拟时予以考虑，短历时强降雨过程不计算蒸散发。全年蒸发月均值见表 5-5。

表 5-5　　　　　　　　　全 年 蒸 发 月 均 值

月　份	蒸发量/(mm/d)	月　份	蒸发量/(mm/d)
1	1.24	7	4.88
2	1.76	8	4.30
3	3.44	9	3.64
4	4.98	10	3.02
5	6.10	11	1.92
6	5.64	12	1.30

5.2.2　多层级海绵城市建设方案概化

通过资料的收集、现场调研等方式获得研究区基础数据以及示范工程建设情况，综合构建研究区内已建区的一维管网模型、二维地表漫流模型，并最终耦合分析城市内涝风险、海绵城市建设效果。排口末端安装的在线流量计监测数据作为模型率定和验证的基础，综合考虑不同重现期设计降雨和历史降雨数据的情景，分析海绵城市研究区的建设效果。

5.2.2.1 产流模型

根据上文梳理的研究区下垫面状况，在研究区内共有道路、建筑、裸地、绿地、水域等下垫面类型。参考研究区的下垫面情况，设置绿地、市政道路、屋面、小区道路、水域、其他（裸地和未利用土地等）六种不同的径流表面类型。其中，市政道路、小区道路、屋面为不透水下垫面；绿地、水域、其他为透水下垫面。

降雨产流的主要阶段为降雨、植被截留、填洼、入渗、产流等，在模型模拟中将降雨作为模型输入；植被截留和填洼概括为初损值，初损值范围绿地为 3~5mm，不透水面为 1~2mm；入渗和产流按下垫面类型选择不同的计算模型，绿地和其他下垫面采用 Horton 模型计算产流；市政道路、小区道路、屋面和水域下垫面采用固定径流比例模型计算产流。设置绿地的初始入渗率为 145mm/h，稳定入渗率为 12.7mm/h，衰减系数为 2.8mm/h；其他下垫面初始入渗率为 76mm/h，稳定入渗率为 2.5mm/h，衰减系数为 2mm/h。

固定径流比例模型通过定义一个固定百分比来进行径流计算，首先计算扣除初损值后的降雨量，认定为该降雨的净雨量，再根据净雨量通过固定百分比算出径流量。该方法计算简单，但是仅适用于不透水下垫面。表 5-6 为《城镇雨水系统规划设计暴雨径流计算标准》（DB11/T 969—2017）中推荐的各类地表类型的径流系数参考值，取硬化面积径流系数初值在 0.8~0.9 之间。

表 5-6 各类地表类型的径流系数参考值

地 表 类 型	径流系数	地 表 类 型	径流系数
绿地	0.15~0.30	级配碎石路面及广场	0.40~0.50
各类屋面、混凝土或沥青路面及广场	0.85~0.95	干砌砖石或碎石路面及广场	0.35~0.40
大块石铺砌路面及广场	0.55~0.70	非铺砌土路面	0.25~0.35
沥青表面处理的碎石路面及广场	0.55~0.65		

5.2.2.2 管网汇流模型

1. 管网数据导入

整理所获取的排水管网资料，在 ArcGIS 中进行拓扑关系处理，将断接、错接、反接的管网数据进行拓扑分析，从其他数据来源进行修正；去除研究区外的管网数据，对研究区内繁琐的管网资料进行简化，加强模型稳定性。将管网数据导入模型后再次进行检查，排除单个节点、未连接到排口等情况的管网数据，确保导入数据的准确性。管道共计 737 段，管道总长 61.29km。

在管网数据拓扑检查的基础上，对已有管网数据进行横断面检查。横断面检查主要涉及的主要内容为管网是否密闭、管顶高程是否合理。所核查的主要属性包括：①检查井的井底高程、顶部高程和面积；②管道的上下游高程；③管道连接方式（一般遵循从小到大原则）和管道流向。

2. 管网模型属性设置

本研究所搭建管网模型涉及的对象为管道、调蓄池、水泵、堰、检查井五类，对模型模拟结果较为敏感的属性包括管道糙率系数、上下游水头损失、调蓄池蓄水容积、水泵速率、堰顶高程等。

研究区管道均为混凝土管道，参考《室外排水设计规范》（GB 50014—2006）中的推荐值，设定管道糙率系数行政办公区和新建区为 0.013，已建区为 0.014；上下游水头损失系数设置为 1.5；为处理合流制溢流污染，在管网排水口前设置末端蓄水池，用于收集排水管网中的雨水，三个末端调蓄池容积设置分别为：S3＝5120m³，S4＝3600 m³，S6＝11630 m³，泵站排水速率则按照调蓄池设计排空时间设置。

此外，研究区此前已经实施了截污管线工程，按照研究区规划，分别在 S3、S4、S6 出口处设置 0.8m 高的截流堰，用于截取污水，通过截污管流入再生水厂进行处理，截污管的截污倍数设置为 3 倍。与以往研究不同的地方在于，本书实际考虑了河东再生水厂的污水处理能力，在截污管线下游设置溢流堰，用调蓄池来模拟再生水厂的调蓄池，用泵站模拟再生水厂的水处理过程，泵站排空速率为河东再生水厂的实际处理能力。当截污管来水量大于泵站排出量且调蓄池存满之后，上游来水越过溢流堰溢流进入河道，这一过程为再生水厂处的溢流过程。管道糙率系数表见表 5-7。

表 5-7 管 道 糙 率 系 数 表

管 渠 类 别	糙率系数	管 渠 类 别	糙率系数
UPVC管、PE管、玻璃钢管	0.009～0.010	浆砌砖渠道	0.015
石棉水泥管、钢管	0.012	浆砌块石渠道	0.017
陶土管、铸铁管	0.013	干砌块石渠道	0.020～0.025
混凝土管、钢筋混凝土管、水泥砂浆抹面渠道	0.013～0.014	土明渠（包括带草皮）	0.025～0.030

按照上述管网拓扑设置及模型属性设置，构建研究区管网模型，见图 5-4。模型包括通州海绵城市试点区右上角的人大新校区及其周边区域（不在研究区内），可以为海绵城市试点区的相关分析提供帮助。

3. 产流单元划分

在研究区内，区分绿地、道路、小区、裸地、水域五种用地类型（其中小区对应屋面、小区道路、绿地四种不同的径流表面）。在海绵城市研究区内，各用地类型中的径流表面面积按照实际勘测面积输入，以确保入渗产流工程的模拟精度；缺少勘测数据小区按照 30％绿地、40％小区道路、30％屋顶面积划分。

目前，子集水区的划分主要有两种方法：①根据管网和检查井的位置，考虑检查井周边的地面高程、小区建筑信息，结合研究区卫星图，用人工描边的方法进行子集水区

144

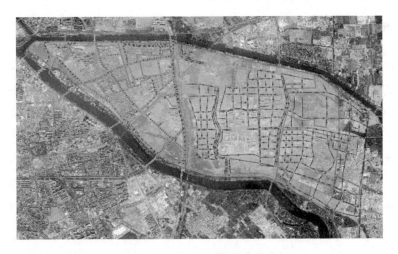

图 5-4 研究区管网模型

划分;②以每个检查井为点要素,绘制泰森多边形,每个泰森多边形的径流汇入该多边形内的检查井中。两种方法中前者的子集水区划分更加精确,但是较为繁琐,后者划分较快,但是对地形隔断等影响因素考虑不足。

本研究采用人工划分和泰森多边形自动化分相结合的方式来划分子集水区。对于绿地、小区、水域这三种用地类型,因为其面积较大,且边界清晰,故采用人工描绘的方式划分子集水区,地表径流按照调研所得的市政管网流向进入相应的检查井;缺少数据区域按照就近原则,就近进入市政管网。对于道路而言,因为地表检查井众多,地表隔断不明显,采用泰森多边形方法进行子集水区划分。研究区子集水区划分结果见图 5-5。此外,为了避免构建二维模型时出现小三角网格而导致模型模拟速度大大降低,在构建完成子集水区后进行了严格的拓扑检查,将各个集水区间的重叠、空隙等空间错误一一清除,从而保证二维模型建模质量。

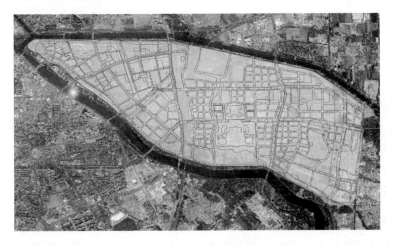

图 5-5 研究区子集水区划分结果

5.2.3 水质模型构建

为计算排水分区尺度和小区尺度年径流污染物总量去除率，在排水分区和小区尺度洪涝模型的基础上，需要构建与其相对应的水质模型。水质模型的构建主要涉及子流域集水区沉积物初始状态、地表冲刷和雨水口冲洗、生活污水水质参数、工商废水水质参数、管网蓄水质参数、污染物过程线数据，与洪涝模型中的径流过程、污水事件等一一对应。设置管道的初始污染物累积量、地表污染物累积时间，通过表面累计方程、降雨侵蚀方程、效力系数方程、雨水口累计方程、管道冲刷方程与洪涝模型结合，共同模拟研究区内各种污染物的扩散、衰减、转移过程。本次模拟主要模拟的污染物为 SS、BOD、COD 等（表 5-8）。

表 5-8　　　　　　　　　　　研究区模拟的主要污染物

代码	描 述
BOD	有机物氧化过程中所使用的潜在的氧气量
COD	系统中污染物化学氧化过程所需要的氧气的测量值
NH_4	表示氨和铵，是溶解氧进程的一部分
TP	表示所有形态的磷的总量
SS	水中不可溶的固态悬浮物

已建区属于雨污合流制，在雨污合流的管道中需叠加现状污水基础流量，以探究雨水合流制水质水量变化。已建区污水排放时变化系数曲线见图 5-6，由该曲线可以看出已建区内的用水高峰主要集中在早 7 点和晚 19 点以后，该时段产生的污水量较大。污水时变系数根据监测资料值设置。

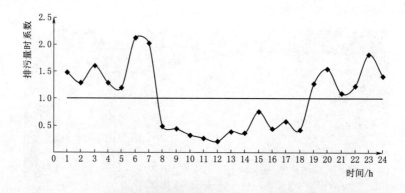

图 5-6　已建区污水排放时变化系数曲线

在模型模拟污染物的过程中，需要设置模型生活污水的污染物参数、地表冲刷和累计参数等。生活污水的水质参数根据北京市再生水厂的进水水质参数设置，见表 5-9。

表 5-9   模型生活污水污染物参数设置

人均日污水量/(L/d)	160.0	TKN/(mg/L)	49.2
SS/(mg/L)	169.2	NH_4/(mg/L)	38.1
BOD/(mg/L)	160.0	TP/(mg/L)	5.0
COD/(mg/L)	347.7		

5.2.4 海绵设施模块构建

按照《雨水控制与利用工程设计规范》（DB11/685—2013）的相关要求，新建源头海绵工程硬化面积达 2000m² 及以上的项目，应配建雨水调蓄设施，每 1000m² 硬化面积配建调蓄容积不小于 30m³；绿地中至少应有 50% 为用于滞蓄雨水的下凹式绿地；公共停车场、人行道、步行街、自行车道和休闲广场、室外庭院的透水铺装率不小于 70%。在之前多数建模过程中，关于源头减排措施的构建往往采用"3、5、7"原则直接设置源头减排措施的面积。

本研究源头减排措施构建过程中与以往的研究不同。本书通过收集研究区建设的相关工程规划建设方案，对研究区内所进行的各项海绵城市建设工程进行梳理，整理出各个产流单元内海绵工程的实际建设面积和设计参数。通过上述工作，整理的实际海绵设施面积和参数能够更加准确地反映研究区的实际海绵设施建设情况，提高模型的模拟精度。

在研究区内涉及的源头海绵工程措施包括下沉式绿地、雨水花园、植草沟、透水铺装、生物滞留池、生态停车场、渗渠、蓄水池等。模型对上述各类海绵设施进行概化，雨水花园、植草沟、下沉式绿地、透水铺装、渗渠、蓄水池按照模块中对应内容设置。结合实际工程方案，对研究区内下沉式绿地设置蓄水深度 100mm/150mm/250mm；雨水花园设置蓄水深度 200mm/300mm；植草沟设置调蓄深度 100mm/200mm；生物滞留池设置为下凹深度 300mm 的下沉式绿地；生态停车场按照透水铺装进行概化。

过程海绵工程措施主要是截污管线工程和下凹桥泵站。在排水分区出口处设置 0.8m 高的截流堰，用于截流生活污水，截流后的污水通过管径为 500～1100mm 的截污管进入河东再生水厂进行处理。根据对河东再生水厂的调查，河东再生水厂对通州海绵城市试点区内日常污水运行量为 15000～17000m³/d。按照 3 倍截污倍数设置再生水厂的最大污水处理能力，超出再生水厂处理能力的水量，通过再生水厂的溢流口溢流排出。

末端海绵工程措施为排口处设置末端蓄水池和防倒灌工程，用于收集合流制排口的溢流排放径流，三个末端调蓄池容积分别设为 S3 = 5120m³，S4 = 3600m³，S6 = 11630m³，设置蓄水池调蓄后排空时间为 24h。因此，S3、S4、S6 排水分区具有两个径流外排途径，即排口直接外排和河东再生水厂间接外排。当前对年径流总量控制率的计算主要考虑排口处的直接溢流外排流量，对再生水厂关注不足，可能对海绵城市建设效果评估产生一定影响，故在模型构建时将再生水厂的间接出流纳入计算范围。

5.3 模型率定与验证

5.3.1 模型率定

依据《海绵城市建设评价标准》（GB/T 51345—2018）中的规定，在模型率定和验证过程中，需各筛选至少 2 场监测数据分别进行模型的率定和验证，模型参数率定与验证的 NSE 效率系数不得小于 0.5。

在系统梳理示范区相关数据资料的基础上，结合《城镇雨水系统规划设计暴雨径流计算标准》（DB11/T 969—2017），考虑最不利因素和相关文献确定初始模型参考参数，以实测数据为依据，优化研究区内各计算单元的初始径流损失、固定径流系数、Horton 初渗率、Horton 稳渗率、Horton 衰减率等参数，使模拟径流尽可能反映实际产流过程。

基于选取的 5 场利用第三方监测的降雨、外排径流和水质监测数据，选择示范区内面积较大且示范工程种类丰富的 S1、S3 和 S6 典型排水分区作为模型率定和验证的对象，其中 S1 排水分区为其他新建区，S3 和 S6 排水分区为已建区。各降雨场次的起始时间、终止时间、降雨总量和最大雨强等信息见表 5-10。

表 5-10 模型率定和验证所用降雨场次信息

场 次		起始时间	终止时间	降雨总量/mm	最大雨强/(mm/h)
率定场次	1	2019-7-22 21：10	2019-7-23 01：45	14.00	5.25
	2	2019-9-9 19：10	2019-9-10 7：40	39.40	18.00
	3	2020-8-12 11：55	2020-8-13 00：55	41.10	11.28
验证场次	1	2019-7-29 12：30	2019-7-29 18：55	12.80	5.60
	2	2020-8-23 20：15	2020-8-24 6：50	63.50	16.40

3 个率定场次中，S1、S3 和 S6 排水分区的模型率定结果见图 5-7～图 5-9。

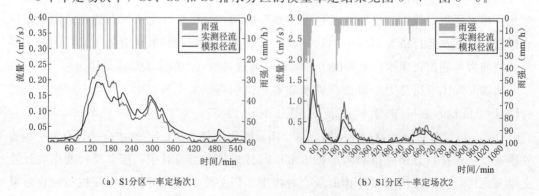

(a) S1 分区—率定场次 1　　　　　　　　(b) S1 分区—率定场次 2

图 5-7（一）　S1 排水分区率定结果

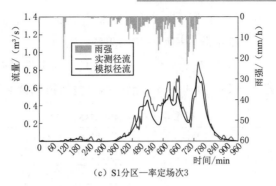

（c）S1分区—率定场次3

图 5-7（二） S1 排水分区率定结果

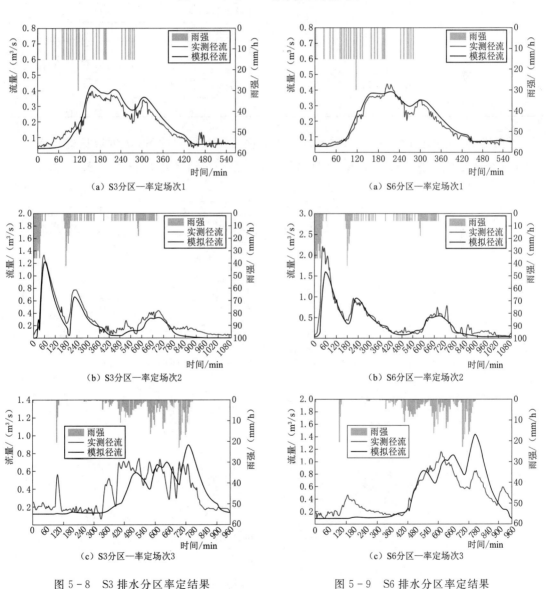

（a）S3分区—率定场次1

（a）S6分区—率定场次1

（b）S3分区—率定场次2

（b）S6分区—率定场次2

（c）S3分区—率定场次3

（c）S6分区—率定场次3

图 5-8　S3 排水分区率定结果　　　　图 5-9　S6 排水分区率定结果

利用3.2.2节的NSE效率系数、确定性系数和体积误差3个指标综合评估模型率定和验证效果。S1、S3和S6排水分区模型率定结果统计指标见表5-11，NSE效率系数均高于0.5，最高可达0.95，NSE效率系数均值为0.81；确定性系数普遍高于0.7，均值为0.88；体积误差普遍在−20%到+10%的范围内，整体模拟精度良好。

表5-11 模型率定结果统计指标

率定场次	时　间	降雨总量/mm	率定对象	效率系数	确定性系数	体积误差/%
1	2019年7月22—23日	14.00	S1排水分区	0.88	0.91	5.98
			S3排水分区	0.86	0.94	9.17
			S6排水分区	0.95	0.97	7.71
2	2019年9月9—10日	39.40	S1排水分区	0.84	0.98	−17.20
			S3排水分区	0.87	0.95	−21.41
			S6排水分区	0.82	0.86	−13.35
3	2020年8月12—13日	41.10	S1排水分区	0.89	0.92	−15.56
			S3排水分区	0.51	0.45	−6.91
			S6排水分区	0.68	0.75	−10.12

在流量率定的同时，利用水质采样检测数据对模拟得到的SS浓度数据进行率定分析，3个率定场次中，S3、S6和S8排水分区的模型率定结果见图5-10~图5-12。

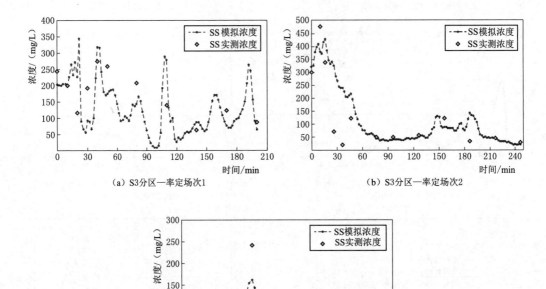

（a）S3分区—率定场次1

（b）S3分区—率定场次2

（c）S3分区—率定场次3

图5-10（二）　S3排水分区水质率定结果

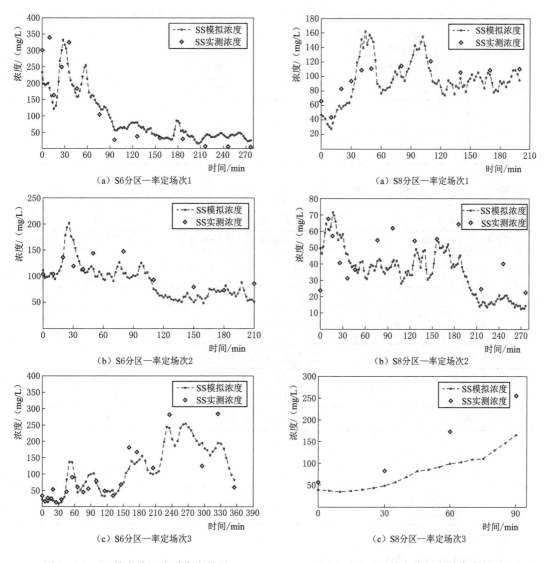

图 5-11　S6 排水分区水质率定结果　　　　图 5-12　S8 排水分区水质率定结果

　　S3、S6 和 S8 排水分区水质模型率定结果统计指标见表 5-12，相关系数普遍高于 0.7，最高可达 0.95，相关系数均值为 0.79；污染物浓度均值误差在 ±10% 的范围内，整体模拟精度良好。

表 5-12　　　　　　　　　　　模型水质率定结果统计指标

率定场次	时　间	降雨总量/mm	率定对象	相关系数	均值误差/%
1	2019 年 7 月 22—23 日	14.00	S3 排水分区	0.69	-8.82
			S6 排水分区	0.69	-8.82
			S8 排水分区	0.82	-5.50

续表

率定场次	时 间	降雨总量/mm	率定对象	相关系数	均值误差/%
2	2019 年 9 月 9—10 日	39.40	S3 排水分区	0.76	26.36
			S6 排水分区	0.91	−7.07
			S8 排水分区	0.57	−5.18
3	2020 年 8 月 12—13 日	41.10	S3 排水分区	0.80	−9.70
			S6 排水分区	0.92	−8.54
			S8 排水分区	0.95	−22.88

最后，经过模型率定，主要产流、汇流、水质参数的取值见表 5-13~表 5-15。

表 5-13　　　　　　　　　　主　要　产　流　参　数

产流表面	径流量类型	初损损失值/mm	固定径流系数	Horton 初渗率	Horton 稳渗率	Horton 衰减率
道路	Fixed	2.0	0.92	—	—	—
屋面	Fixed	1.5	0.90	—	—	—
其他	Fixed	3.0	0.90	—	—	—
绿地	Horton	5.5	—	115.0	32.7	2.8
裸地	Horton	4.0	—	43.0	12.3	2.0

表 5-14　　　　　　　　　　主　要　汇　流　参　数

不透水下垫面糙率系数	透水下垫面糙率系数	管道糙率系数
0.02	0.31	0.015

表 5-15　　　　　　　　　　主　要　水　质　参　数

参　　　数	道路	屋面	绿地
最大累积量/(kg/hm²)	450	200	80
累积速率常数	3	3	7
污染冲刷系数	0.022	0.017	0.020
污染冲刷指数	0.85	0.85	0.45

5.3.2　模型验证

利用率定好的示范区海绵城市模型，选择 2019 年 7 月 20 日和 2020 年 8 月 23 日的两场降雨过程进行模型验证，验证场次的模拟精度见表 5-16，模拟结果见图 5-13~图 5-15。验证场次的效率系数均高于 0.5，最高可达 0.90，效率系数均值为 0.66；确定性系数普遍高于 0.7，均值为 0.86；体积误差普遍在 ±20% 到 +10% 的范围内，整体模拟精度良好。

表 5-16　　　　　　　　　　模型验证结果统计指标

验证场次	时间	降雨总量/mm	率定对象	效率系数	确定性系数	体积误差/%
1	2019 年 7 月 29 日	12.80	S1 排水分区	0.90	0.98	−16.52
			S3 排水分区	0.53	0.70	5.98
			S6 排水分区	0.63	0.89	−16.56

续表

验证场次	时间	降雨总量/mm	率定对象	效率系数	确定性系数	体积误差/%
2	2020 年 8 月 23—24 日	63.50	S1 排水分区	0.71	0.87	−22.23
			S3 排水分区	0.50	0.85	−17.67
			S6 排水分区	0.67	0.88	21.64
			S3 排水分区	0.90	0.98	−16.52
			S6 排水分区	0.53	0.70	5.98

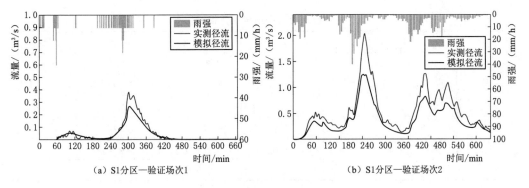

图 5-13　S1 排水分区验证结果

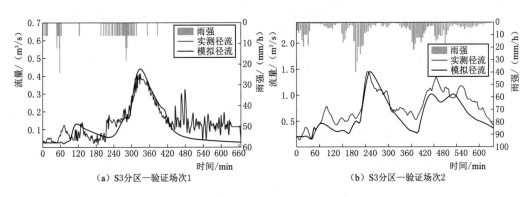

图 5-14　S3 排水分区验证结果

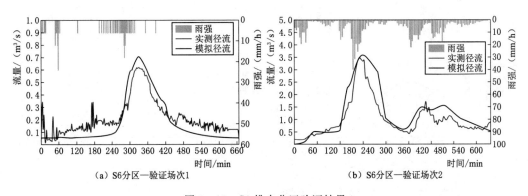

图 5-15　S6 排水分区验证结果

在 3 个率定场次和 2 个验证场次中，S1、S3 和 S6 排水分区外排径流过程的模拟精度良好，满足《海绵城市建设评价标准》（GB/T 51345—2018）和模拟技术导则的要求，构建的示范区海绵城市模型能够支撑开展进一步的长序列模拟分析评估。

利用 2 个场次的降雨数据对模型水质模拟结果进行验证，模型水质验证结果统计指标见表 5-17，模拟结果见图 5-16～图 5-18。相关系数普遍高于 0.7，最高可达 0.98，相关系数均值为 0.85；污染物浓度均值误差普遍在 ±20% 的范围内，整体模拟精度良好。

表 5-17 模型水质验证结果统计指标

验证场次	时　间	降雨总量/mm	率定对象	相关系数	均值误差/%
1	2019 年 7 月 29 日	12.80	S3 排水分区	0.87	−18.39
			S6 排水分区	0.77	9.87
			S8 排水分区	0.98	10.84
2	2020 年 8 月 23—24 日	63.50	S3 排水分区	0.72	−6.48
			S6 排水分区	0.79	−3.69
			S8 排水分区	0.95	21.59

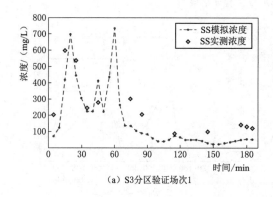

（a）S3分区验证场次1

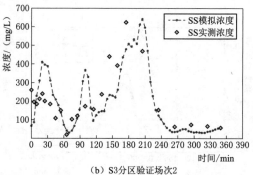

（b）S3分区验证场次2

图 5-16　S3 排水分区水质验证结果

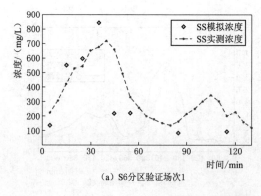

（a）S6分区验证场次1

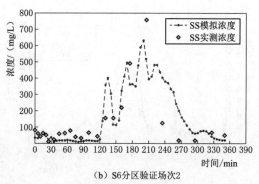

（b）S6分区验证场次2

图 5-17　S6 排水分区水质验证结果

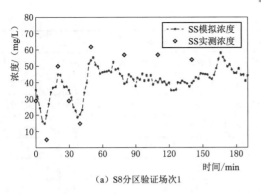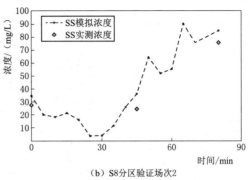

（a）S8分区验证场次1　　　　　　　（b）S8分区验证场次2

图 5-18　S8 排水分区水质验证结果

5.4　建设效果综合评估

依据示范工程第三方监测方案，通过模型模拟的方法计算示范区内各排水分区逐年的年径流总量控制率和污染物总量去除率，并通过各排水分区面积加权平均的方式计算得到示范区多年平均的年径流总量控制率和污染物总量去除率。结合历史高分辨率降雨数据收集情况，对 2008—2020 年共 13 年降雨数据进行模拟分析。

5.4.1　年径流总量控制率评估

2008—2020 年，各排水分区计算得到的年径流总量控制率见表 5-18，变化过程见图 5-19。S1 排水分区多年平均年径流总量控制率为 81.69%，最高值为 83.39%，最低值为 80.83%；S2 排水分区多年平均年径流总量控制率为 73.58%，最高值为 82.36%，最低值为 64.05%；S3 排水分区多年平均年径流总量控制率为 80.88%，最高值为 89.90%，最低值为 72.61%；S4 排水分区多年平均年径流总量控制率为 80.70%，最高值为 83.05%，最低值为 78.45%；S5 排水分区多年平均年径流总量控制率为 66.96%，最高值为 71.04%，最低值为 63.08%；S6 排水分区多年平均年径流总量控制率为 79.54%，最高值为 86.42%，最低值为 72.84%；S7 排水分区多年平均年径流总量控制率为 91.88%，最高值为 94.89%，最低值为 88.24%；S8 排水分区多年平均年径流总量控制率为 88.49%，最高值为 90.36%，最低值为 87.35%。

表 5-18　　　　　　　　　　各排水分区年径流总量控制率统计结果

年份	降雨量/mm	年径流总量控制率								
		示范区	S1 分区	S2 分区	S3 分区	S4 分区	S5 分区	S6 分区	S7 分区	S8 分区
2008	509.60	88.91	82.36	76.19	79.14	81.99	69.69	85.17	94.71	89.89
2009	457.10	87.18	80.89	77.44	82.52	80.78	66.93	79.89	92.57	88.67
2010	479.06	88.76	81.86	78.24	86.89	81.61	69.19	82.27	93.72	89.69

续表

年份	降雨量/mm	年径流总量控制率								
		示范区	S1 分区	S2 分区	S3 分区	S4 分区	S5 分区	S6 分区	S7 分区	S8 分区
2011	554.41	83.99	81.44	69.71	74.68	79.14	64.14	73.65	90.09	87.60
2012	668.94	82.85	82.02	64.05	73.19	79.86	63.69	74.04	88.24	87.29
2013	433.90	90.03	81.44	82.36	88.58	83.96	70.42	84.50	94.89	90.04
2014	545.46	85.20	81.62	70.49	76.93	81.02	65.69	76.70	90.86	88.34
2015	436.49	89.95	81.40	81.53	89.42	82.27	70.18	84.42	94.83	89.94
2016	603.80	83.51	81.69	67.21	72.61	78.74	64.19	74.05	89.54	87.68
2017	542.98	83.10	80.83	68.06	73.42	78.45	63.08	72.84	89.09	87.35
2018	589.46	83.96	81.50	69.05	74.86	78.78	64.78	74.96	89.66	87.72
2019	425.30	89.50	83.39	76.44	89.90	83.05	71.04	85.16	93.41	90.36
2020	458.70	88.05	81.55	75.74	89.27	79.42	67.52	86.42	91.98	85.75
多年平均	515.78	86.54	81.69	73.58	80.88	80.70	66.96	79.54	91.81	88.49

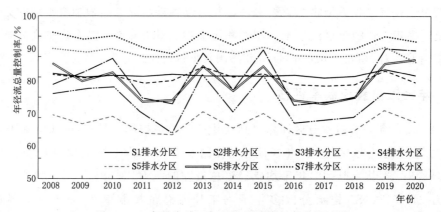

图 5-19　各排水分区年径流总量控制率变化过程

按照面积加权平均计算，2008—2020 年示范区多年平均年径流总量控制率为 86.54%，最高值为 89.50%，发生在 2019 年，最低值为 82.85%，发生在 2012 年（图 5-20）。

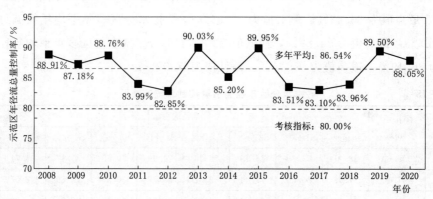

图 5-20　示范区年径流总量控制率变化过程

5.4.2 雨水径流污染物总量去除率评估

2008—2020 年，各排水分区模拟得到的海绵城市建设前和建设后的外排雨水径流 SS 总量见表 5 - 19。

表 5 - 19　　　　　　　　　各排水分区外排雨水径流污染物总量

年份	降雨量/mm	S1 分区污染物总量/t		S2 分区污染物总量/t		S3 分区污染物总量/t		S4 分区污染物总量/t	
		建设前	建设后	建设前	建设后	建设前	建设后	建设前	建设后
2008	509.60	46.44	12.05	20.98	6.30	81.63	25.29	29.47	7.26
2009	457.10	47.39	13.44	17.64	5.14	87.16	23.28	31.50	7.73
2010	479.06	40.02	9.20	19.67	5.77	81.03	17.91	26.16	5.82
2011	554.41	47.94	11.33	18.55	6.68	99.92	29.53	29.43	7.97
2012	668.94	61.37	18.09	24.29	10.05	112.17	40.82	31.45	8.21
2013	433.90	45.64	11.39	15.12	4.27	87.70	15.30	24.11	4.76
2014	545.46	55.32	15.62	19.02	7.40	93.18	27.73	34.84	8.79
2015	436.49	44.10	12.04	15.26	3.50	71.73	14.72	27.83	5.49
2016	603.80	44.39	11.60	19.01	7.89	92.18	33.80	33.77	7.43
2017	542.98	53.57	12.87	22.30	9.28	106.03	36.47	27.95	6.75
2018	589.46	58.06	15.82	22.80	8.54	89.52	29.32	36.65	9.79
2019	425.30	39.21	8.36	14.75	4.21	79.48	17.61	24.89	5.19
2020	458.70	46.95	13.17	20.74	6.36	85.75	16.24	26.85	7.49
年份	降雨量/mm	S5 分区污染物总量/t		S6 分区污染物总量/t		S7 分区污染物总量/t		S8 分区污染物总量/t	
		建设前	建设后	建设前	建设后	建设前	建设后	建设前	建设后
2008	509.60	6.98	2.42	129.32	26.47	152.84	29.43	29.59	6.78
2009	457.10	6.90	2.58	119.30	33.37	139.94	27.01	29.52	7.53
2010	479.06	7.39	2.64	109.41	24.81	152.01	27.77	30.00	7.90
2011	554.41	9.28	4.05	123.47	40.50	165.86	36.33	30.78	7.47
2012	668.94	8.04	3.39	144.65	43.85	156.77	44.01	30.26	7.05
2013	433.90	6.24	2.47	103.14	26.74	134.44	30.07	23.71	5.60
2014	545.46	7.55	3.12	143.46	42.69	133.69	31.71	33.25	9.16
2015	436.49	7.59	2.88	102.36	26.23	109.45	20.44	22.17	5.52
2016	603.80	9.51	4.20	126.60	40.78	167.38	37.26	31.51	8.71
2017	542.98	8.73	3.93	116.86	38.76	146.62	35.97	26.75	7.21
2018	589.46	8.72	3.68	126.17	44.73	154.41	32.25	36.00	9.16
2019	425.30	6.51	2.51	97.62	24.63	126.21	23.21	24.26	5.47
2020	458.70	7.05	2.72	109.94	26.79	136.11	24.05	26.71	7.21

根据海绵城市建设前和建设后的外排雨水径流污染物总量数据，计算得到的各排水分区雨水径流污染物总量去除率见表 5 - 20，变化过程见图 5 - 21。S1 排水分区多年平均雨水径流污染物总量去除率为 74.02%，最高值为 78.68%，最低值为 70.52%；S2 排水

分区多年平均雨水径流污染物总量去除率为 66.47%，最高值为 77.04%，最低值为 58.39%；S3 排水分区多年平均雨水径流污染物总量去除率为 72.43%，最高值为 82.56%，最低值为 63.61%；S4 排水分区多年平均雨水径流污染物总量去除率为 76.08%，最高值为 80.27%，最低值为 72.11%；S5 排水分区多年平均雨水径流污染物总量去除率为 59.89%，最高值为 62.52%，最低值为 54.95%；S6 排水分区多年平均雨水径流污染物总量去除率为 71.85%，最高值为 79.53%，最低值为 64.55%；S7 排水分区多年平均雨水径流污染物总量去除率为 78.82%，最高值为 82.33%，最低值为 71.93%；S8 排水分区多年平均雨水径流污染物总量去除率为 74.77%，最高值为 76.71%，最低值为 72.37%。

表 5-20　各排水分区雨水径流污染物总量去除率统计结果

年份	降雨量 /mm	污染物总量去除率								
		示范区	S1 分区	S2 分区	S3 分区	S4 分区	S5 分区	S6 分区	S7 分区	S8 分区
2008	509.60	76.67	74.05	69.95	69.02	75.36	65.27	79.53	80.74	77.10
2009	457.10	74.95	71.63	70.86	73.29	75.46	62.52	72.03	80.70	74.49
2010	479.06	78.14	77.00	70.69	77.89	77.76	64.25	77.33	81.73	73.66
2011	554.41	72.61	76.38	63.98	70.45	72.93	56.34	67.20	78.09	75.73
2012	668.94	69.16	70.52	58.60	63.61	73.89	57.86	69.69	71.93	76.71
2013	433.90	77.14	75.04	71.74	82.56	80.27	60.35	74.08	77.63	76.39
2014	545.46	71.90	71.76	61.08	70.24	74.77	58.68	70.25	76.28	72.44
2015	436.49	77.32	72.69	77.04	79.48	80.27	61.98	74.38	81.33	75.10
2016	603.80	71.08	73.87	58.50	63.33	78.00	55.82	67.79	77.74	72.37
2017	542.98	70.28	75.97	58.39	65.60	75.84	54.95	66.84	75.47	73.05
2018	589.46	71.20	72.75	62.53	67.25	73.28	57.85	64.55	79.11	74.55
2019	425.30	77.91	78.68	71.42	77.84	79.14	61.34	74.76	81.61	77.47
2020	458.70	77.39	71.94	69.32	81.06	72.11	61.37	75.63	82.33	73.00
多年平均	515.78	74.29	74.02	66.47	72.43	76.08	59.89	71.85	78.82	74.77

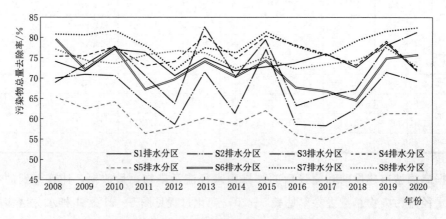

图 5-21　各排水分区雨水径流污染物总量去除率变化过程

示范区雨水径流污染物总量去除率变化过程见图 5-22，按照面积加权平均计算，2008—2020 年示范区多年平均雨水径流污染物总量去除率为 74.29%，最高值为 78.14%，发生在 2010 年，最低值为 69.16%，发生在 2012 年。

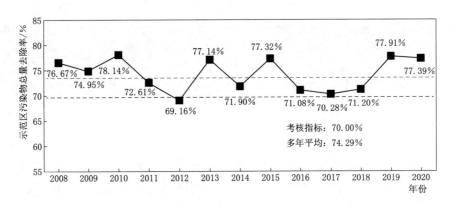

图 5-22　示范区雨水径流污染物总量去除率变化过程

5.5　本章小结

（1）基于开发的 URSAT 城市雨洪模拟和管理平台构建了北京城市副中心海绵城市模拟模型，并以实测数据作为模型率定和验正数据，在 3 个率定场次和 2 个验证场次中，S1、S3 和 S6 排水分区外排径流过程的模拟精度良好，能够满足《海绵城市建设评价标准》（GB/T 51345—2018）和模拟技术导则的要求，构建的示范区海绵城市模拟模型能够支持开展进一步的长序列模拟分析评估。

（2）通过模型模拟的方法计算，示范区内各排水分区逐年的年径流总量控制率和污染物总量去除率在 2008—2020 年的变化范围分别是 66.96%～91.88%、59.89%～78.82%；并通过各排水分区面积加权平均的方式计算得到示范区多年平均的年径流总量控制率和污染物总量去除率分别是 86.54%、74.29%，均达到了研究区海绵城市考核指标。

第 6 章

海绵城市建设的水文效应综合分析

海绵城市建设打破了传统城市依靠"灰色措施"（管渠、泵站等）来实现排水的理念，充分运用自然积存、渗透、净化的构想，在维护原有生态系统的基础上对已破坏的生态系统予以恢复，在生态系统允许的条件下合理控制开发强度。海绵城市系统主要可分为普通下垫面、海绵设施和排水管网三部分，三者之间存在着紧密的水力联系。理想情况下，降水在普通下垫面产生的地表径流，这些地表径流进入海绵设施，经过海绵设施消纳、储存和净化，再进入排水管网，经过末端调蓄海绵设施处理最终从排口排出。主要体现的是"地表水—土壤水—管网水"的相互转化过程。

目前对海绵城市的研究分析多集中在海绵城市对降雨径流整体的控制效果（即年径流总量控制率），但对海绵城市系统内部源头海绵设施滞蓄、土壤入渗、地表产流、管网动态调蓄、地下水回补等水文效应及其相互关系关注较少，定量评估海绵城市系统内的水文效应及转化过程，对明确海绵城市水文机理及响应，完善海绵城市建设的综合效应评估有着重要的意义。因此，本章以北京城市副中心海绵城市试点区为研究区域，利用URSAT 模型建立精细化洪涝模型，实现研究区内降雨、蒸发、入渗、产流、汇流、深层入渗等过程的高精度模拟，对海绵城市系统内各成分的水文效应进行定量分析与评估。

6.1 模拟情景设计

6.1.1 降雨情景

6.1.1.1 短历时设计降雨

本研究采用暴雨强度公式法分别设计 1 年一遇、3 年一遇、5 年一遇、10 年一遇、20 年一遇和 50 年一遇的设计降雨序列，计算公式为

$$q = \frac{A \times (1 + c \cdot \lg P)}{(t + b)^n} \tag{6-1}$$

式中 q——设计暴雨强度，$L/(s \cdot hm^2)$；

P——暴雨重现期，a；

t——汇流时间，min。

式（5-1）中参数 A、b、c、n 需要以北京当地的降雨资料进行拟合。根据《城镇雨水系统规划设计暴雨径流计算标准》（DB11/T 969—2016）进行设计。

依据我国《给水排水设计手册》推荐使用的芝加哥雨型进行降雨历时为 2h 降雨过程时程分配，图 6-1 所示为北京市 1 年一遇至 50 年一遇的 2h 设计降雨过程，不同重现期采用不同的线条表示。

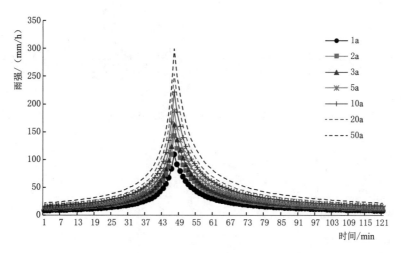

图 6-1　短历时设计降雨图

6.1.1.2　长历时设计降雨

10 年、20 年、50 年暴雨重现期条件下研究区降雨过程的设计暴雨采用 24h 暴雨，根据《北京市水文手册——暴雨图集》，计算推求不同频率的设计暴雨。

模型降雨输入选择 5min 降雨强度数据。因此，在 24h 暴雨总量的基础上进行细化，得到 5min 间隔的降雨过程。设计雨型主要依据《城镇雨水系统规划设计暴雨径流计算标准》（DB11/T 969—2016）中的 24h 每 5min 雨型分配表进行设计，图 6-2 所示为 10 年、20 年、50 年的 5min 设计降雨过程。

6.1.1.3　长序列实测降雨

目前，已经获取了研究区附近 4 个区域雨量站的 2008—2019 年降水数据，时间分辨率为 5min；此外还有研究区内新布设的小型自动气象站降雨数据作为补充。2008—2019 年年降雨量见图 6-3，通过泰森多边形加权平均的方法计算研究区的面平均雨量和年降雨量。

6.1.2　海绵设施情景

研究区海绵城市建设按照多层级建设方案，按照源头、中间、末端的情景设置规则，

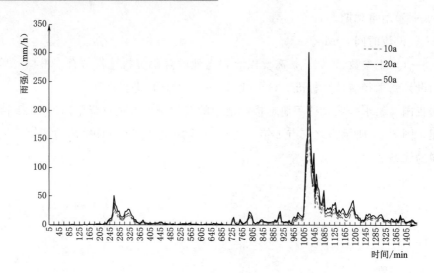

图 6-2　长历时设计降雨图

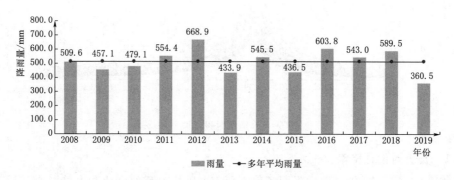

图 6-3　2008—2019 年年降雨量图

参考相关规范、标准，以现状作为对照组，基于绿色屋顶、下凹绿地、透水铺装海绵措施设置不同组合比例源头措施情景，结合排水管网能力提标和截污管线设置中间措施情景，根据调蓄池、防倒灌措施设置末端措施情景。模拟情景方案见表 6-1，共设置 4 个方案进行模拟，分别是海绵城市建设前、仅源头海绵措施、源头—过程海绵措施、源头—过程—末端海绵措施。

表 6-1　　　　　　　　　　　模 拟 情 景 方 案 表

模 拟 情 景	降雨类型	水质模拟	海绵城市建设前	仅源头海绵措施	源头—过程海绵措施	源头—过程—末端海绵措施
设计 1 年一遇	场次	√	√	√	√	√
设计 2 年一遇	场次	√	√	√	√	√
设计 3 年一遇	场次		√	√	√	√
设计 5 年一遇	场次	√	√	√	√	√

模 拟 情 景	降雨类型	水质模拟	海绵城市建设前	仅源头海绵措施	源头—过程海绵措施	源头—过程—末端海绵措施
设计 10 年一遇（2h、24h）	场次		√	√	√	√
设计 20 年一遇（2h、24h）	场次		√	√	√	√
设计 50 年一遇（2h、24h）	场次		√	√	√	√
2008 年	连续		√	√	√	√
2009 年	连续		√	√	√	√
2010 年	连续		√	√	√	√
2011 年	连续		√	√	√	√
2012 年	连续		√	√	√	√
2013 年	连续		√	√	√	√
2014 年	连续		√	√	√	√
2015 年	连续		√	√	√	√
2016 年	连续		√	√	√	√
2017 年	连续		√	√	√	√
2018 年	连续	√	√	√	√	√
2019 年	连续	√	√	√	√	√

基于上述 4 个方案，进行长序列降水和设计频率降水模拟，同时在模型中考虑生活污水过程，结合地表污染物积累冲刷过程与管道污染物冲刷过程模拟出不同情形下海绵城市研究区的水质、水量资料，用于下一阶段的分析计算。

6.2 海绵城市建设区的水文过程分析

海绵城市系统内各水文要素之间转换方式和途径，涉及降雨、蒸发、产流、入渗、汇流等多个过程。海绵城市建设的主要结果是，在降雨输入相同的情况下，通过建设海绵设施改造下垫面，控制海绵城市系统的输出，实现海绵城市建设年径流总量控制和污染物削减这两个目标。但是对海绵系统内部，所控制的水量如何分配，还缺少一定的认识。本研究通过在研究区模型模拟的方法，评估海绵城市建设前后，地表水、土壤水、海绵设施处理量之间的定量关系，研究设置 3 类降雨情景，分别对海绵城市建设前后地表径流、土壤入渗以及海绵设施存储 3 部分进行定量分析。

6.2.1 短历时降雨情景

对于短历时设计降雨，降雨总历时为 2h，按照北京市地方标准中所推荐的暴雨强度公式，1 年一遇降雨到 50 年一遇 2h 设计降雨量从 41.7mm 到 115.2mm 不等。

在海绵城市建设前，降雨落到地表经过入渗转化为土壤含水率，当超出地表入渗能力时产生径流，再汇入排水管网转变为管网蓄水、地下水或者蒸散发的大气水输出海绵城市系统。设计降雨水量水平衡过程见表 6-2。模型模拟结果表明，海绵城市建设前，地表径流量占降雨总量百分比随设计降雨重现期增加从 51.76% 增加至 62.96%，平均值为 54.98%；表层入渗量与地表径流量成反比，随重现期增加从 44.84% 减少至 35.69%，平均值 43.04%。因此，在地表下垫面类型不变的情况下，随着降雨强度的增大，地表超过入渗能力产生的径流越多。

表 6-2　　　　　　　　　　　设计降雨水量水平衡过程

设计降雨时长	降雨事件	降雨量/mm	地表径流（建设前）		表层入渗（建设前）		蒸发量/mm	表层入渗（建设后）		地表径流（建设后）		源头减排设施存储		蒸发量/mm
			径流量/mm	占比/%	入渗量/mm	占比/%		入渗量/mm	占比/%	径流量/mm	占比/%	存储量/mm	占比/%	
设计2h降雨	1a	41.69	21.58	51.76	18.69	44.84	1.42	16.54	39.66	8.97	21.51	14.77	35.43	1.42
	2a	54.71	28.57	52.23	24.78	45.30	1.35	21.92	40.06	11.95	21.85	19.49	35.62	1.35
	3a	62.32	32.66	52.41	28.43	45.61	1.23	25.08	40.24	13.76	22.08	22.25	35.70	1.23
	5a	71.91	37.82	52.59	33.11	46.04	0.99	29.09	40.45	16.12	22.42	25.71	35.76	0.99
	10a	84.93	46.36	54.58	37.20	43.80	1.38	32.63	38.42	20.63	24.30	30.29	35.66	1.38
	20a	97.95	57.15	58.35	39.19	40.01	1.60	34.51	35.23	27.67	28.25	34.17	34.89	1.60
	50a	115.15	72.50	62.96	41.10	35.69	1.56	36.32	31.54	38.42	33.36	38.86	33.75	1.56
设计24h降雨	10a	202.48	116.93	57.75	82.17	40.58	3.38	71.34	35.23	59.35	29.31	68.41	33.79	3.38
	20a	254.75	158.62	62.26	92.44	36.29	3.69	80.20	31.48	87.43	34.32	83.43	32.75	3.69
	50a	330.71	219.85	66.48	106.64	32.25	4.22	92.39	27.94	129.29	39.10	104.81	31.69	4.22

在海绵城市建设后，降雨转化过程主要涉及海绵城市系统内海绵设施对降雨的直接和间接处理。降雨直接降落在海绵设施类型的下垫面（如透水铺装、雨水花园、生物滞留设施等），从而使地表径流减少称为直接处理；降雨在城市普通下垫面产生径流，进入海绵设施调蓄和存储，从而减少地表径流称为间接处理。海绵设施直接或间接处理的降雨都算作源头减排设施的调蓄量，模拟中设定超出源头减排设施储蓄容积的降雨将从源头减排设施溢流回地表，属于地表径流。

模拟结果表明海绵城市建设后地表径流量占比随重现期增加从 21.51% 增加到 33.36%，平均值 24.82%；地表入渗量占比从 39.66% 降低到 31.54%，平均值为 37.94%（图 6-4）。地表径流和地表入渗量的变化趋势与海绵城市建设前是一致的，但是相较于海绵城市建设前，两者所占降雨的比例都有所降低。这是因为在海绵城市建设后，源头减排设施对降雨径流的控制起到了很大的效果，其平均调蓄比例达到 35.26%。源头减排设施的调蓄比例有一定的波动，但是总体保持稳定。

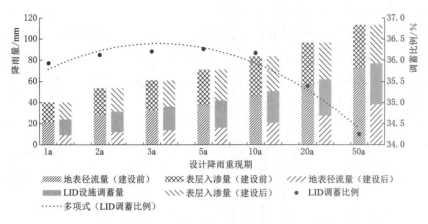

图 6-4　短历时设计降雨情景

6.2.2　长历时降雨情景

长历时设计降雨情景见图 6-5，长历时降雨情景（降雨历时 24h）分别设计了 10 年一遇、20 年一遇和 50 年一遇暴雨过程进行模拟分析（总雨量分别为 202.5mm、254.8mm 和 330.7mm）。海绵城市建设前，地表径流占比分别为 57.8%，62.3% 和 66.5%，平均值 62.2%；入渗量占比 40.6%、36.3% 和 32.3%，平均值 36.4%，长历时海绵设施的水循环过程变化规律与短历时情景相似，但径流占比相较于短历时降雨更高。海绵城市建设后，其平均径流占比为 34.2%，平均入渗量占比 31.6%，相较于建设前均变小；源头减排调蓄比例则分别为 33.8%、32.8% 和 31.7%，随着降雨量的增加递减，基本呈线性变化。

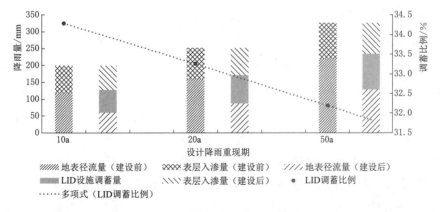

图 6-5　长历时设计降雨情景

6.2.3　长序列降雨情景

长序列实测降雨情景见图 6-6，基于模型模拟研究区 2008—2019 年的年降雨量长序列变化过程，结果表明在海绵城市建设前，降雨初损及蒸散发损耗占降雨总量的25.8%，地表径流占年降雨总量比例为42.0%，入渗量占32.2%。在海绵城市建设后，地表径流量和入渗量分别占降雨量总量的比例为17.8%和28.3%，源头减排设施调蓄占降雨总量的比例为28.1%。表明海绵城市系统内，海绵设施对降雨的控制效果较好，主要控制的是城市地表径流，源头减排设施年调蓄量整体变化不大。

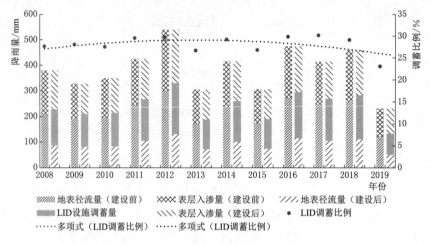

图6-6 长序列实测降雨情景

6.3 管网蓄水转化规律研究

6.3.1 管网蓄水与地表水转化规律分析

在传统水文学中，水循环主要涉及大气水、地表水、地下水和土壤水。在城市区域，除去上述成分还有管网蓄水。降雨落到城市不透水地面，产生地表径流，通过雨水口进入管网再排入河道。因此，城市排水管网会改变自然地表的汇流过程，同时也有削减地表的洪峰流量，推迟峰现时间的作用。在地表径流通过排水管网外排的过程中，管网扮演着一个"转运者"的角色。在转运的过程中，管网通过自身的蓄水容积，有动态调蓄的作用，但是目前对管网再径流汇流路径上究竟起到多大的作用，还缺少定量研究。

本研究以S6排水分区作为典型排水分区进行模拟分析，该区域的排水系统总体为2年一遇的设计排水标准，管网密度为$5.90km/km^2$，管网存储容积为$1.26 \times 10^4 m^3/km^2$，相当于最大能够调控12mm的径流深度。本研究基于模型量化从洪峰流量削减、峰现时间延迟以及管网调蓄容积占比三方面对管网蓄水的调蓄作用进行分析。

6.3.1.1 洪峰流量削减

洪峰流量消减分短历时设计降雨和24h设计降雨两类进行模拟分析。其中，入流过程为产流表面进入管网的总入流量，出流过程为S6排水分区管网的排口总出流量。

从短历时（2h）设计降雨（重现期为1年一遇至50年一遇）的设计降雨过程洪峰流量削减效果可以看出（图6-7），在海绵城市建设前，随着降雨重现期的增加，设计降雨洪峰流量削减比例从56.9%增加到63.0%。S6排水分区的管网平均入流峰值流量为26.7m³/s，经管网调节后平均出流峰值流量为10.3m³/s，平均削减了60.8%。

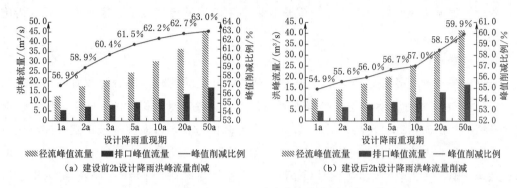

（a）建设前2h设计降雨洪峰流量削减 （b）建设后2h设计降雨洪峰流量削减

图6-7　短历时（2h）设计强降雨洪峰流量削减效果

海绵城市建设后，设计降雨的洪峰流量削减比例随降雨重现期增加从54.9%增加到59.9%，平均削减56.9%，相较于建设前，洪峰削减效果相对小一些。这是因为海绵设施对管网入流的流量有一定的调控作用，从而导致建设后管网削减所占比例减小。在海绵城市建设后，管网平均入流峰值流量为22.9m³/s，相较于建设前的26.7m³/s削减了14.3%；经管网调节后平均出流峰值流量为9.7m³/s，相较于建设前的10.3m³/s削减了5.6%。

长历时（24h）设计降雨过程模拟分析的降雨重现期分别为10年一遇、20年一遇和50年一遇（图6-8）。结果表明在海绵城市建设前，设计降雨洪峰流量削减比例分别为60.7%、62.8%和65.1%。S6排水分区的管网平均入流峰值流量为47.1m³/s，经管网调节后平均出流峰值为17.3m³/s，平均削减比例为62.8%。

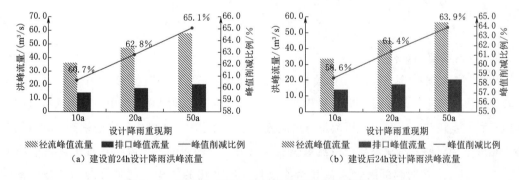

（a）建设前24h设计降雨洪峰流量 （b）建设后24h设计降雨洪峰流量

图6-8　长历时（24h）设计强降雨洪峰流量削减效果

在海绵城市建设后，设计降雨的洪峰流量削减比例分别为58.6%、61.4%和63.9%，相较于建设前，洪峰削减效果一般。管网平均入流峰值流量为45.2m³/s，相较于建设前的47.1m³/s削减了3.9%，经管网调节后平均出流峰值流量约为17.3m³/s，相较于建设前的基本保持不变。由于海绵设施对入流过程的削减，表现为建设后洪峰流量削减效果略低于建设前。

总之，管网对 S6 排水分区内的汇流过程具有较强的洪峰流量削减作用，不同重现期下的削减率均达到 50% 以上。随着重现期的增加，洪峰流量削减效果增强，但是增强幅度有限。海绵城市建设后的洪峰流量削减效果小于海绵城市建设前，这是由于源头措施有效削减了管网入流。

6.3.1.2 洪峰时刻延迟

管网对城市流域径流的调节不仅表现在对洪峰流量的削减，还表现在对峰现时间的延迟。通过对 S6 排水分区内管网的峰现时间延迟效果做定量分析（图 6-9）。不论是 S6 排水分区的短历时（2h）还是长历时（24h）设计降雨过程，以及海绵城市建设前与建设后，降雨的地表产流过程（即管网入流）与流域管网出流过程的峰现时间都具有一定的延迟效应。对于短历时（2h）设计降雨，入流过程的峰现时间约在降雨事件开始后 55min，出流过程的峰现时间约在降雨事件开始后 70min，平均洪峰延后 15.7min；对于长历时（24h）设计降雨，入流过程的峰现时间在降雨开始后的 1030min，出流过程的峰现时间在将雨开始后 1035min 左右，峰现时间延迟 6.67min。

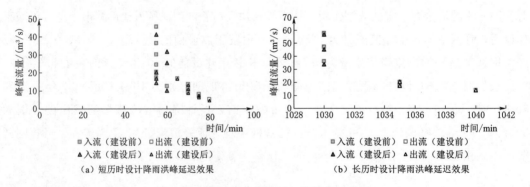

（a）短历时设计降雨洪峰延迟效果　　　　（b）长历时设计降雨洪峰延迟效果

图 6-9　管网峰现时间延迟效果定量分析

6.3.1.3 调蓄容积比例

S6 排水分区各产流单元产生的地表径流进入到排出管网。在这个过程中，管网一方面对径流的洪峰流量、峰现时间进行调节；另一方面，由于管网的调节作用，管网入流过程与出流过程并不同步。当管网入流流量与出流流量差值为正时，管网内的水位抬升，管道调蓄体积增大；当管网入流流量与出流流量差值为负时，管网内的水位降低，管道调蓄体积变小。这一部分在管网内部随着入流和出流过程不断变化的体积，就是管网的动态调蓄容积。将管网入流过程和出流过程的差值求积分，可以得到各个时刻管网内实时的动态调蓄容积。管网动态调蓄容积的最大值与管网总入流量之间的比值，称为调蓄容积比例。

需要注意的是，在模型计算过程中，如果管网内的存储水量已经达到上限（即达到管网内的总体积），地表径流将在检查井上方形成一个虚拟的容积，存储多出的径流。在这个过程中，入流的流量过程线不归零。因此当计算所得的最大调蓄容积大于管网内总体积时，认为管网内存储水量已经饱和，按照管网体积计算最大调蓄容积比例，本书所涉及 S6 排水分区的管网总体积约为 2 万 m³。

短历时（2h）设计降雨调蓄容积比例见图 6-10，海绵城市建设前后，随着降雨重现期的增加，管网调蓄容积比例逐渐减小，建设前从 41.7% 减小到 17.3%；建设后从 44.3% 减小到 19.0%，减小趋势较为明显。这是因为在设计降雨重现期分别为 3 年一遇（建设前）和 5 年一遇（建设后）时，管网最大调蓄容积达到了管网内总体积，故在此之后，调蓄容积比例迅速降低。

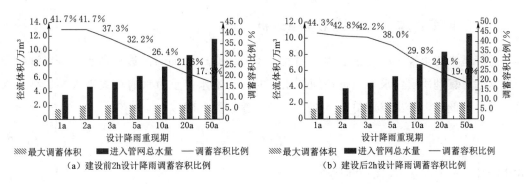

图 6-10　短历时（2h）设计降雨调蓄容积比例

海绵城市建设前后的调蓄容积比例相比，各个设计降雨重现期下，建设后调蓄容积比例均高于建设前比例，建设后平均值为 34.3%，相较于建设前的 31.2%，海绵城市建设使得管网调蓄容积比例提高了 3.3%。造成该现象的原因可能是海绵城市建设使得进入管网的总水量变小，且流速降低，管网内动态储水量所占比例较建设前更高。

对于长序列（24h）设计降雨，由于重现期分别为 10 年一遇、20 年一遇和 50 年一遇（图 6-11），在降雨过程中，管网的最大调蓄容积均达到了管网储水体积，同时，随着重现期的增加，进入管网的总水量增加，因此，长序列设计降雨调蓄容积比例基本随重现期增加而降低，且调蓄比例较低，均不超过 15%。在海绵城市建设后，平均调蓄容积比例从 8.1% 增加到 9.3%，增加了 1.2%。

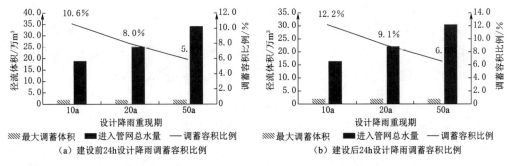

图 6-11　长历时（24h）设计降雨调蓄容积比例

通过上述得到以下结论：

（1）对于长历时和短历时设计降雨，管网的调蓄容积比例均随着重现期增加而减小，且当降雨重现期超过管网设计重现期时（表现为管网调蓄容积大于管网总体积），该比例迅速降低。

（2）对于重现期较小的降雨过程（1 年一遇、2 年一遇和 3 年一遇），调蓄容积比例较大，在建设前后分别达到 40.2％和 43.1％。

（3）海绵城市建设后的管网调蓄容积比例高于海绵城市建设前，短历时降雨平均增加 3.3％，长历时降雨则为 1.2％。

6.3.2　管网蓄水与土壤水转化规律分析

管网蓄水与土壤水的转化过程主要发生于海绵设施底部的渗透型排水管。当海绵设施底部的土壤基质层含水率超过田间持水量时，土壤水以重力水的形式进入渗透型排水管，管网中的最大渗出流量 $Q_{\max}$ 可通过达西定律计算，即

$$Q_{\max} = KLW_{\mathrm{base}} \frac{h_m + d_f}{d_f} \qquad (6-2)$$

式中　K——土壤基质层水力传导速率，m/s；

　　　L——渗透型排水管长度，m；

　　W_{base}——海绵设施入渗区域宽度，m；

　　　h_m——蓄水层最大蓄水深度，m；

　　　d_f——土壤基质层深度，m。

采用曼宁公式初步确定排水管数量 N 以及管径 D，公式为

$$ND = 1.55 \cdot \left(\frac{Qn}{s^{0.5}} \right)^{3/8} \qquad (6-3)$$

式中　1.55——单位换算系数；

　　　Q——排水管设计流量，$\mathrm{m^3/s}$；

　　　n——排水管曼宁系数；

　　　s——排水管坡度。

渗透型排水管应尽量保证海绵设施基质层土壤蓄水量的快速排出。排水管尺寸的确定是一个迭代过程。以开孔管为例，首先根据集料粒径尺寸确定开孔尺寸，并设定开孔数量，得出总开孔面积；其次采用锐缘孔口公式计算孔口入流流量 Q_{perf}，即

$$Q_{\mathrm{perf}} = BCA\sqrt{2gh} \qquad (6-4)$$

式中　B——阻塞系数，表征孔口被介质阻塞的情况；

　　　C——孔口流量系数，一般取 0.62；

　　　A——开孔面积，$\mathrm{m^2}$；

g——重力加速度，取 $9.81\mathrm{m/s^2}$；

h——孔口上水头，m。

Q_{perf} 应大于土壤基质层最大渗出流量 $Q_{\max}$ 乘以一定的安全系数，否则继续改变开孔数量或开孔尺寸，重新计算 Q_{perf}，直至满足要求。

穿孔管中流量 Q_{pipe} 用 Colebrook – White 公式表示，即

$$Q_{\mathrm{pipe}} = \left[-2\sqrt{2gDs}\ \log_{10}\left(\frac{k}{3.7D} + \frac{2.5v}{D\sqrt{2GDs}}\right) \right]A \qquad (6-5)$$

式中 D——排水管管径，m；

s——排水管的坡度；

k——管道内壁粗糙度；

v——运动黏滞系数，$\mathrm{m^2/s}$；

A——穿孔管截面积，$\mathrm{m^2}$。

Q_{pipe} 应大于孔口入流流量，否则继续改变管径或管数量重新计算 Q_{pipe}，直至满足要求。

6.4 合流制溢流减控效益分析

对于合流制区域，排口的合流制溢流问题是影响城市水环境的重要原因，基于构建的海绵城市排水综合模拟模型可量化海绵城市建设对缓解合流制区域的溢流的贡献。研究区内 S2、S3、S4、S5、S6 均为雨污合流制，其中 S3、S4、S6 的排口处设置有截污管线，用来收集 3 个排水分区的前期雨水以及生活污水进入河东再生水厂处理，河东再生水厂的日处理量为 4.0 万～4.4 万 $\mathrm{m^3/d}$，在河东区域日处理量为 1.5 万～1.7 万 $\mathrm{m^3/d}$。在研究区的合流制区域，实施截污管过程调控工程后，虽然可以有效地控制排口处的径流总量，但是仍然有合流制溢流事件发生。以 S3 合流制排水分区为典型区，以 2008—2018 年的长序列模拟结果为依据，量化海绵城市建设对合流制溢流的影响。

基于模型量化对比了 S3 排水分区海绵城市建设前后排水口合流制溢流次数和溢流流量情况（图 6 - 12），在实行截污管线改造之后，实现了该区域排口处的径流总量的有效控制，但是仍然存在年均 13 次的溢流，年均溢流总量为 9.9 万 $\mathrm{m^3}$。源头—过程—末端联合调控措施下，年均溢流次数由 13 次减少到 5 次，减少了 61.5%，且 08、09、15 年甚至不发生合流制溢流事件；年均溢流量从 9.9 万 $\mathrm{m^3}$ 减少至 4.7 万 $\mathrm{m^3}$，减少了 52.9%，总体海绵城市建设对区域合流制溢流的监控效果显著。

之前对合流制溢流的讨论更多集中在排水分区的排口位置，这也是目前城市区域合流制溢流污染的主要来源，但是对于实施截污管线工程后，管线下游再生水厂处的溢流讨论较少。本研究区下游建有再生水厂，按照再生水厂日均污水处理量 3 倍的截污倍数进

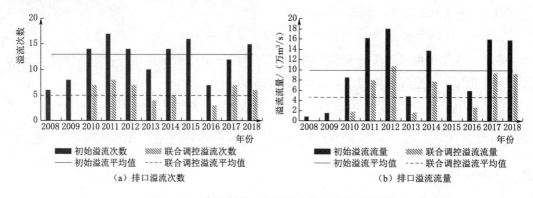

图 6-12　合流制排口处溢流次数和流量对比图

行再生水厂处理能力概化，超出水厂处理能力的水量溢流排入河道，因此再生水厂处也
存在溢流情况，其溢流次数和溢流流量在源头—过程—末端联合调控后，年均溢流次
数从 16 次减少到 15 次，约减少 4.1％；溢流流量从 5.3 万 m^3 减少至 5.12 万 m^3，约
减少 4.4％。再生水厂处溢流次数和流量对比图见图 6-13。对比排口处和再生水厂处
的合流制溢流情况可以看出，源头—过程—末端联合调控对合流制溢流的良好控制效
果主要针对排口处的直接溢流过程，而对下游再生水厂的间接溢流过程控制效果十分
有限。

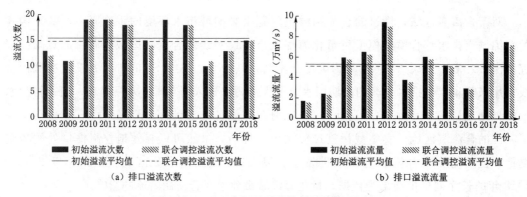

图 6-13　再生水厂处溢流次数和流量对比图

　　因此处理合流制区域合流制溢流问题时，除了建设相应的绿色设施、调蓄池等方
案，有必要在排水分区尺度多层级海绵城市建设的基础上，综合考虑再生水厂提标改
造、雨水湿地构建、河道水系连通等综合性手段，从而实现区域尺度的海绵城市建设
目标。

6.5　地下水回补效应分析

　　海绵城市系统中降雨经过地表入渗土壤包气带，再通过深层渗漏回补地下水，形

成了北京地区水文循环过程。受区域水资源供需矛盾突出的影响，北京地区地下水超采问题严重，地下水水位持续下降。近年来由于南水北调补水、置换和补给地下水，使得北京地下水水位再次回升。由于海绵城市建设改变了城市区域的不透水下垫面现状，一定程度上增加了土壤的入渗，海绵城市建设对区域地下水水位的影响亟待量化分析。

本研究通过构建副中心区域地下水模型，以构建的地表城市综合流域排水模型计算的入渗量和径流量为地下水模型的输入条件，实现研究区地表水和地下水的松散耦合模拟，从而评估研究区海绵城市建设对地下水水位的影响。本书用海绵城市建设前后研究区 2008—2018 年的子集水区入渗序列表示子集水区内格点的入渗序列，各个入渗格点的入渗序列作为地下水模型的输入值，得出近 10 年的研究区地下水模拟结果。通过模型量化，相较于不建设海绵城市，研究区为地下水水位的抬升高度。

构建研究区地下水模型（图 6 - 14），三角形格点为通州海绵城市试点区内的格点，也是地下水模型的入渗量的输入格点，共有 554 个；圆形格点为地下水模型模拟结果输出的格点（不包含试点区内），共有 1655 个。通过计算海绵城市建设前后，各个时刻研究区的平均水位来分析海绵城市建设对研究区地下水水位的影响。

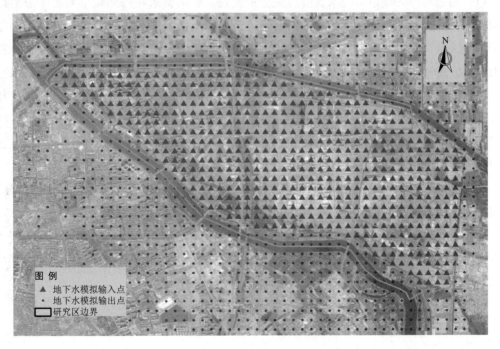

图 6 - 14　地下水计算格点

海绵城市建设后，地下水水位抬升效果见图 6 - 15。研究区及其周边区域 10 年内的平均水位波动上升，最终将抬升 0.36m；其中研究区内 554 个格点水位将抬升 0.82m，研究区外水位抬升 0.21m。且由于 2021—2025 年的模拟期降水较多，地下水水位抬升也较为明显。上述结果表明，研究区海绵城市建设对于地下水具有一定的补充效果，研究区内为 0.82m/10a。

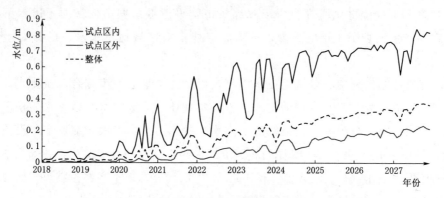

图 6-15　地下水水位抬升效果图

6.6　本章小结

（1）通过对海绵城市系统水文效应的分析发现，管网蓄水在海绵城市系统十分活跃，在沟通海绵城市系统与外界地表水的同时，还连接了海绵城市系统内下垫面和海绵设施。以子集水区进入管网蓄水量作为管网输入，排口排出作为输出对管网蓄水进行定量分析，管网对汇流过程具有很强的洪峰流量削减作用，不同重现期下的削减率均达到50%以上，且洪峰削减率随重现期增加而增加。管网对径流的峰现时间有一定的延迟作用，短历时设计降雨平均洪峰延后15.7min；长历时设计降雨平均洪峰延迟6.67min。管网对研究区的径流有一定的动态调蓄作用，在海绵城市建设前后，管网调蓄容积比例最高分别达到41.7%和44.3%，该比例随着降雨重现期递增而减小。

（2）海绵城市建设对合流制区域溢流污染控制良好，在海绵城市建设后，排水分区尺度的年均溢流频率和流量分别降低61.5%和52.9%，部分年份无溢流事件发生。

（3）海绵城市建设对地下水有一定的回补效果。地下水模型模拟结果显示，在海绵城市建设后，研究区内地下水水位在10年模拟周期内抬升将达到0.82m，周边地区抬升将达到0.21m。

参 考 文 献

［1］ 徐宗学，李鹏. 城市化水文效应研究进展：机理、方法与应对措施［J］. 水资源保护，2022，38（1）：7-17.

［2］ 夏军，张永勇，张印，等. 中国海绵城市建设的水问题研究与展望［J］. 人民长江，2017，48（20）：1-5，27.

［3］ 徐宗学，程涛，任梅芳."城市看海"何时休——兼论海绵城市功能与作用［J］. 中国防汛抗旱，2017，27（5）：64-66，95.

［4］ 夏军，石卫，王强，等. 海绵城市建设中若干水文学问题的研讨［J］. 水资源保护，2017，33（1）：1-8.

［5］ 徐光来，许有鹏，徐宏亮. 城市化水文效应研究进展［J］. 自然资源学报，2010，25（12）：8.

［6］ Zhong S，Qian Y，Zhao C，et al. A case study of urbanization impact on summer precipitation in the Greater Beijing Metropolitan Area：Urban heat island versus aerosol effects［J］. Journal of Geophysical Research：Atmospheres，2015，120（20）：10903-10914.

［7］ 黄国如，何泓杰. 城市化对济南市汛期降雨特征的影响［J］. 自然灾害学报，2011，20（3）：7-12.

［8］ Trusilova K，Jung M，Churkina G，et al. Urbanization Impacts on the Climate in Europe：Numerical Experiments by the PSU-NCAR Mesoscale Model（MM5）［J］. Journal of Applied Meteorology & Climatology，2008，47（5）：1442-1455.

［9］ Wang X Q，Wang Z F，Qi Y B，et al. Effect of urbanization on the winter precipitation distribution in Beijing area［J］. Science in China，2009，52（2）：250-256.

［10］ Einfalt T，Arnbjrg-Nielsen K，Golz C，et al. Towards a roadmap for use of radar rainfall data in urban drainage［J］. Journal of Hydrology，2004，299（3）：186-202.

［11］ 于淑秋. 北京地区降水年际变化及其城市效应的研究［J］. 自然科学进展，2007（5）：632-638.

［12］ 曹琨，葛朝霞，薛梅，等. 上海城区雨岛效应及其变化趋势分析［J］. 水电能源科学，2009，（5）：31-33.

［13］ Jauregui E，Romales E. Urban effects on convective precipitation in Mexico city［J］. Atmospheric Environment，1996，30（20）：3383-3389.

［14］ Schirmer M，Leschik S，Musolff A. Current research in urban hydrogeology-A review［J］. Advances in Water Resources，2013，51：280-291.

［15］ 许有鹏，石怡，都金康. 秦淮河流域城市化对水文水资源影响［C］. 首届中国湖泊论坛论文集. 中国科学技术协会、江苏省科学技术协会；江苏省科学技术协会学会学术部，2011：24-33.

［16］ Charles L，Dewalle，David R. Trends in evaporation and Bowen ratio on urbanizing watersheds in eastern United States［J］. Water Resources Research，2000，36（7）：1835-1843.

［17］ 周琳. 北京市城市蒸散发研究［D］. 北京：清华大学，2015.

［18］ 肖荣波，欧阳志云，张兆明，等. 城市热岛效应监测方法研究进展［J］. 气象，2005，（11）：4-7.

［19］ 张建云. 城市化与城市水文学面临的问题［J］. 水利水运工程学报，2012（1）：1-4.

［20］ 万荣荣，杨桂山. 流域 LUCC 水文效应研究中的若干问题探讨［J］. 地理科学进展，2005（3）：25-33.

［21］ 申仁淑，辛玉琛. 长春市城市化效应分析［J］. 吉林水利，1999（7）：36-38.

［22］ 刘珍环，李猷，彭建. 城市不透水表面的水环境效应研究进展 ［J］. 地理科学进展，2011，30 （3）：275 – 281.

［23］ 宋晓猛，朱奎. 城市化对水文影响的研究 ［J］. 水电能源科学，2008 （4）：33 – 35，46.

［24］ 徐宗学，程涛. 城市水管理与海绵城市建设之理论基础——城市水文学研究进展 ［J］. 水利学报，2019，50 （1）：53 – 61.

［25］ Petrucci G，Tassin B. A simple model of flow – rate attenuation in sewer systems. Application to urban stormwater source control ［J］. Journal of Hydrology，2015，522：534 – 543.

［26］ 徐向阳，刘俊，郝庆庆，等. 城市暴雨积水过程的模拟 ［J］. 水科学进展，2003 （2）：193 – 196.

［27］ Zoppou C. Review of urban storm water models ［J］. Environmental Modelling & Software，2001，16 （3）：195 – 231.

［28］ 宋晓猛，张建云，王国庆，等. 变化环境下城市水文学的发展与挑战——Ⅱ. 城市雨洪模拟与管理 ［J］. 水科学进展，2014，25 （5）：752 – 764.

［29］ 胡伟贤，何文华，黄国如，等. 城市雨洪模拟技术研究进展 ［J］. 水科学进展，2010，21 （1）：137 – 144.

［30］ 刘家宏，王浩，高学睿，等. 城市水文学研究综述 ［J］. 科学通报，2014，59 （36）：3581 – 3590.

［31］ 丛翔宇，倪广恒，惠士博，等. 基于 SWMM 的北京市典型城区暴雨洪水模拟分析 ［J］. 水利水电技术，2006 （4）：64 – 67.

［32］ 陈鑫，邓慧萍，马细霞. 基于 SWMM 的城市排涝与排水体系重现期衔接关系研究 ［J］. 给水排水，2009，35 （9）：114 – 117.

［33］ 任伯帜，邓仁健，李文健. SWMM 模型原理及其在霞凝港区的应用 ［J］. 水运工程，2006 （4）：41 – 44.

［34］ 韩冰，张明德，王艳. 世博浦西园区供水管网系统水力（质）模型的建立及其研究 ［J］. 净水技术，2011，30 （3）：78 – 82.

［35］ 王文亮，边静，李俊奇，等. 基于模型分析的低影响开发提升城市雨水排水标准案例研究 ［J］. 净水技术，2015，34 （4）：100 – 104.

［36］ 李芮，潘兴瑶，邸苏闯，等. 北京城区典型内涝积水原因诊断研究——以上清桥区域为例 ［J］. 自然资源学报，2018，33 （11）：1940 – 1952.

［37］ 徐裳檬，潘兴瑶，李永坤，等. 已建区排水管网评估及多尺度分区改造策略 ［J］. 南水北调与水利科技，2019，17 （2）：123 – 131，39.

［38］ Green W H，Ampt G. Studies on soil physics – pant 1，The flow of air and water through soils ［J］. J. Agric. 1911，4 （1）：1 – 24.

［39］ Williams J R，Ouyang Y，Chen J – S，et al. Estimation of infiltration rate in vadose zone：Application of selected mathematical models ［M］. Washington D. C. ：United States Environmental Protection Agency，Office of Research and Development，1998.

［40］ Bouwer H. Rapid field measurement of air entry value and hydraulic conductivity of soil as significant parameters in flow system analysis ［J］. Water resources research，1966，2 （4）：729 – 738.

［41］ Childs E，Bybordi M. The vertical movement water in stratified porous material：1. Infiltration ［J］. Water resources research，1969，5 （2）：446 – 459.

［42］ Fok Y – S. One – dimensional infiltration into layered soils ［J］. Journal of the Irrigation and Drainage Division，1970，96 （2）：121 – 129.

［43］ Flerchinger G，Watts F，Bloomsburg G. Explicit solution to Green – Ampt equation for nonuniform soils ［J］. Journal of irrigation and drainage engineering，1988，114 （3）：561 – 565.

［44］ Salvucci G D，Entekhabi D. Explicit expressions for Green – Ampt (delta function diffusivity) infiltration rate and cumulative storage ［J］. Water resources research，1994，30 （9）：2661 – 2663.

176

［45］ Swartzendruber D. Infiltration of Constant – Flux Rainfall into Soil as Analyzed by the Approach of Green and Ampt ［J］. Soil Science，1974，117 （5）：272 – 281.

［46］ Neuman S P. Wetting front pressure head in the infiltration model of Green and Ampt ［J］. Water resources research，1976，12 （3）：564 – 566.

［47］ Brakensiek D，Onstad C. Parameter estimation of the Green and Ampt infiltration equation ［J］. Water resources research，1977，13 （6）：1009 – 1012.

［48］ Mein R G，Larson C L. Modeling the infiltration component of the rainfall – runoff process ［M］. Water Resources Research Center，Minnesota：University of Minnesota，1971.

［49］ Mockus V. Estimation of total （and peak rates of） surface runoff for individual storms ［J］. Exhibit A in Appendix B，Interim Survey Report，Grand （Neosho） River Watershed，USDA，Washington D. C. ，1949. .

［50］ Ponce V M，Hawkins R H. Runoff curve number：Has it reached maturity? ［J］. Journal of hydrologic engineering，1996，1 （1）：11 – 19.

［51］ Mishra S K，Singh V P. Soil conservation service curve number （SCS – CN） methodology ［M］. Springer Science & Business Media，2003.

［52］ Mishra S K，Singh V P. Long – term hydrological simulation based on the Soil Conservation Service curve number ［J］. Hydrological Processes，2004，18 （7）：1291 – 1313.

［53］ Patil J，Sarangi A，Singh A，et al. Evaluation of modified CN methods for watershed runoff estimation using a GIS – based interface ［J］. Biosystems engineering，2008，100 （1）：137 – 146.

［54］ Van Mullem J. Runoff and Peak Discharges Using Green – Ampt Infiltration Model ［J］. Journal of Hydraulic Engineering，1991，117 （3）：354 – 370.

［55］ Chahinian N，Moussa R，Andrieux P，et al. Comparison of infiltration models to simulate flood events at the field scale ［J］. Journal of Hydrology，2005，306 （1）：191 – 214.

［56］ King K W，Arnold J，Bingner R. Comparison of Green – Ampt and curve number methods on Goodwin Creek watershed using SWAT ［J］. Transactions of the ASAE，1999，42 （4）：919 – 925.

［57］ Kabiri R，Chan A，Bai R. Comparison of SCS and green – ampt methods in surface runoff – flooding simulation for Klang Watershed in Malaysia ［J］. Open Journal of Modern Hydrology，2013，3 （3）：102.

［58］ Nearing M，Liu B，Risse L，et al. Curve numbers and green – ampt effective hydraulic conductivities ［J］. Jawra Journal of the American Water Resources Association，1996，32 （1）：125 – 136.

［59］ Grimaldi S，Petroselli A，Romano N. Green – Ampt Curve – Number mixed procedure as an empirical tool for rainfall – runoff modelling in small and ungauged basins ［J］. Hydrological Processes，2013，27 （8）：1253 – 1264.

［60］ Liu C，Wang G. The estimation of small – watershed peak flows in China ［J］. Water resources research，1980，16 （5）：881 – 886.

［61］ Singh V P，Woolhiser D A. Mathematical modeling of watershed hydrology ［J］. Journal of hydrologic engineering，2002，7 （4）：270 – 292.

［62］ 刘昌明，洪宝鑫，曾明煊，等. 黄土高原暴雨径流预报关系初步实验研究 ［J］. 科学通报，1965，2 （2）：158 – 161.

［63］ Horton R E. Analysis of runoff – plat experiments with varying infiltration – capacity ［J］. Eos，Transactions American Geophysical Union，1939，20 （4）：693 – 711.

［64］ Horton R E. An approach toward a physical interpretation of infiltration – capacity ［J］. Soil Science Society of America Journal，1941，5 （C）：399 – 417.

［65］ Philip J R. The theory of infiltration：4. Sorptivity and algebraic infiltration equations ［J］. Soil Science，1957，84（3）：257－264.

[66] Bauer S W. A modified Horton equation for infiltration during intermittent rainfall [J]. Hydrological Sciences Journal，1974，19（2）：219－225.

[67] Zhenghui X，Fengge S，Xu L，et al. Applications of a surface runoff model with Horton and Dunne runoff for VIC [J]. Advances in Atmospheric Sciences，2003，20（2）：165－172.

[68] Lotted V，Hidde L，Aart O，et al. The potential of urban rainfall monitoring with crowdsourced automatic weather stations in Amsterdam [J]. Hydrology and Earth System Sciences，2017，21（2）：765－777.

[69] SCS U. National engineering handbook，section 4：hydrology [M]. US Soil Conservation Service，USDA，Washington，D. C. ，1985.

[70] 李军，刘昌明，王中根，等. 现行普适降水入渗产流模型的比较研究：SCS 与 LCM [J]. 地理学报，2014（7）：926－932.

[71] 汪志荣，王文焰，王全九，等. 间歇供水条件下 Green－Ampt 模型 [J]. 西北水资源与水工程，1998（3）：8－11.

[72] 王全九，来剑斌，李毅. Green－Ampt 模型与 Philip 入渗模型的对比分析 [J]. 农业工程学报，2002（2）：13－16.

[73] 李毅，邵明安. 人工草地覆盖条件下降雨入渗影响因素的实验研究 [J]. 农业工程学报，2007，23（3）：18－23.

[74] 李毅，王全九，邵明安，等. Green－Ampt 入渗模型及其应用 [J]. 西北农林科技大学学报（自然科学版），2007（2）：225－230.

[75] 刘姗姗，白美健，许迪，等. Green－Ampt 模型参数简化及与土壤物理参数的关系 [J]. 农业工程学报，2012（1）：106－110.

[76] Richards L. Capillary conduction of liquid sin porous mudiums [J]. Physics，1931（1）：30－33.

[77] Celia M A，Bouloutas E T，ZARBA R L. A general mass－conservative numerical solution for the unsaturated flow equation [J]. Water resources research，1990，26（7）：1483－1496.

[78] 邵明安，王全九，Horton R. 推求土壤水分运动参数的简单入渗法——Ⅱ. 实验验证 [J]. 土壤学报，2000（2）：217－224.

[79] Lai W，Ogden F L. A mass－conservative finite volume predictor－corrector solution of the 1D Richards' equation [J]. Journal of Hydrology，2015（523）：119－127.

[80] 谌芸，孙军，徐珺，等. 北京 721 特大暴雨极端性分析及思考（一）观测分析及思考 [J]. 气象，2012（10）：1255－1266.

[81] 张荣标，刘骏，张磊，等. EC－5 土壤水分传感器温度影响机理及补偿方法研究 [J]. 农业机械学报，2010（9）：168－172.